人人都是**设计师**

零基础学
包装设计

李万军　编著

U0325360

清华大学出版社
北京

内容简介

　　本书系统阐述包装设计的基础理论知识，内容涉及包装设计的各个方面，将前沿性和实用性、学术性和操作性融为一体，理论联系实际，运用大量的成功案例分析相互印证，并给出了多个实战操作案例的分析，有助于读者理解包装设计理论知识和进行实践操作，提高审美水平和创作能力。

　　全书共分为 6 章，内容包括包装设计的基本理念、包装设计的流程与定位、包装的材质与造型、包装的结构与印刷工艺、包装的视觉元素设计、包装设计的风格与创新。

　　本书还赠送所有案例的素材、源文件、微视频和 PPT 课件，方便读者借鉴和使用。

　　本书适合包装设计专业、视觉传达专业、平面设计专业的在校学生及从事包装设计的从业人员学习和阅读。

图书在版编目（CIP）数据

零基础学包装设计 / 李万军编著. —北京：清华大学出版社，2020.5(2023.7 重印)
（人人都是设计师）
ISBN 978-7-302-55132-4

Ⅰ. ①零…　Ⅱ. ①李…　Ⅲ. ①包装设计　Ⅳ. ①TB482

中国版本图书馆CIP数据核字（2020）第047767号

责任编辑：张　敏
封面设计：杨玉兰
责任校对：胡伟民
责任印制：曹婉颖

出版发行：清华大学出版社
　　　　　网　　　址：http://www.tup.com.cn，http://www.wqbook.com
　　　　　地　　　址：北京清华大学学研大厦A座　　　邮　　　编：100084
　　　　　社 总 机：010-83470000　　　　　　　　　邮　　　购：010-62786544
　　　　　投稿与读者服务：010-62776969，c-service@tup.tsinghua.edu.cn
　　　　　质量反馈：010-62772015，zhiliang@tup.tsinghua.edu.cn
印 装 者：北京博海升彩色印刷有限公司
经　　销：全国新华书店
开　　本：170mm×240mm　　　印　　张：10　　　字　　数：210千字
版　　次：2020年6月第1版　　　印　　次：2023年7月第3次印刷
定　　价：59.80元

产品编号：085859-01

前言

随着社会的进步、经济的发展以及人们生活水平的不断提高，消费者对生活质量也提出了更高的要求。我们生活在经济社会，琳琅满目的商品能够引起我们强烈的购买欲，甚至常常只是因为某个商品的精美包装，而禁不住要将其占为己有的强烈欲望，甘愿买下或许并非不可或缺的产品。由此可见，商品的包装对提升商品本身价值具有巨大的推动力。

包装设计是一项系统工程，它逐渐呈现出跨学科、跨专业、跨文化的特性。包装设计是社会经济发展的一面镜子，能够直接反映出社会经济水平、科技发展水平，以及人们的价值取向、消费观念和消费水平，也能够及时反映出时代的精神风貌、文化内涵与美学风尚。

本书内容安排

本书内容浅显易懂、简明扼要，从包装设计的基础理论出发，向读者传达一种新的设计理念，专业的理论知识讲解与精美的案例制作相结合，循序渐进地讲解包装设计的各方面知识，让读者在学习、欣赏的过程中丰富自己的包装设计创意并提高动手设计能力。

第1章　包装设计概述，向读者介绍有关包装设计的相关基础知识，使读者对包装设计的概念、包装设计的发展、包装设计的功能与目的等相关知识有更加全面、深入的理解。

第2章　包装设计的流程与定位，向读者讲解包装设计定位与消费心理相关的知识，阐述包装设计的基本流程、设计定位的概念、包装设计定位的方法，以及消费心理对包装设计的影响。

第3章　包装的材质与造型，向读者介绍包装设计中常用的各种包装材料，以及常见的包装形式，并介绍包装造型设计的相关知识，便于在设计过程中选择合适的材质。

第4章　包装的结构与印刷工艺，向读者介绍纸盒包装结构和印刷工艺的相关知识，包括纸盒包装设计的要点、纸盒包装技术与结构设计、包装印刷的主要类型和常见印刷工艺。

第5章　包装的视觉元素设计，向读者介绍商品包装中各种视觉元素的设计和表现方法，从而使读者能够更好地掌握包装设计。

第6章　包装设计的风格与创新，向读者介绍包装设计的常见风格，以及创意表现重点和创意表现形式等相关内容，并且介绍未来包装设计的发展趋势，使读者对包装设计的表现与发展有更加全面深入的理解。

本书特点

本书通俗易懂、内容丰富、实用性很强，几乎涵盖了包装设计的各方面知识。通过讲解包装设计的基础理论知识，介绍包装设计的表现方法与形式，并且通过包装设计案例的设计制作，分析包装设计的方法和技巧，理论知识与案例相结合，使读者能够融会贯通，掌握包装设计知识。另外，读者可扫描书中对应二维码获取所有案例源文件和微视频，本书 PPT 课件读者可扫描左方二维码获取。

PPT 课件

本书适合准备学习或者正在学习平面或包装设计的初中级读者。本书充分考虑初学者可能遇到的困难，讲解全面、深入，知识安排循序渐进，使读者在掌握知识要点后能够有效总结，并通过实例分析和制作巩固所学知识，提高学习效率。

本书作者

本书由李万军编写，由于时间较为仓促，书中难免有疏漏之处，敬请广大读者朋友批评、指正。

编者

目　录

第1章
包装设计概述

本章主要内容

当今世界经济的迅猛发展，极大地改变了人们的生活方式和消费观念，也使得包装深入到人们的日常生活中。在众多的商品中，包装本身就是一种传达商品信息的载体，无言地回应顾客的所有询问。在浩瀚的商海中，企业为使产品增强竞争力，想方设法在包装上下功夫，以保持一种独占鳌头的态势。因此，包装设计也就成为市场销售竞争中重要的一环。

在本章中主要向读者介绍有关包装设计的相关基础知识，使读者对包装设计的概念、包装设计的发展、包装设计的功能等相关知识有更加全面深入的理解。

1.1 了解包装设计

包装是产品由生产转入市场流通的一个重要环节。包装设计是包装的灵魂，是包装成功与否的重要因素。激烈的市场竞争不但推动了产品与消费的发展，同时不可避免地推动了企业战略的更新，其中包装设计也被放在市场竞争的重要位置上。

▶ 1.1.1 什么是包装设计

包装对于每个购买过商品的消费者来说都不会陌生，与其他艺术形式相比，包装具有更广泛的影响：它随处可见，并与我们的生活息息相关。

宽泛地讲，为了让人们更多、更好地知晓、接受、购买商品，而围绕商品信息传达和形象塑造进行的推广策划、设计与发布活动，都可能被看成是对商品的"包装"。例如，对商品形态的设计，对品牌形象的设计与推广，对商品促销活动的设计推广等。

一般情况下，人们所说的包装，特指有形商品的外包装物。

包装，不妨简单将其理解为"包"和"装"。包，可以理解为包起来、包裹起来；装，可以理解为装扮、美化。前者重在技术、物质层面，强调包装的功能性；后者重在艺术、文化层面，强调包装的情感性。

包装设计是一个不断完善的过程。传统的包装设计主要包含保护、整合、运输、美化等意义。保护即能够良好地保护内容物；整合即能够将一些无序的物品按空间或数量标准组合在一起；运输就是通过包装便于商品运输、搬运；美化就是通过包装来美化商品的外在形象。

包装设计包含了设计领域中的平面构成、立体构成、文字构成、色彩构成及插图、摄影等，是一门综合性很强的设计专业学科。包装设计又是和市场流通结合最紧密的设计，设计的成败完全有赖于市场的检验，所以市场学、消费心理学，始终贯穿在包装设计之中。如图 1-1 所示为精美的商品包装设计。

图 1-1　精美的商品包装设计

图 1-1　精美的商品包装设计（续）

☆ 提示

在工业高度发达的今天，包装设计应该做到物有所值，档次定位明确，否则必然招到消费者的反感和抵触。因此，包装设计师一方面应该具备良好的职业道德水准和全方位的设计素质；另一方面包装设计还需要考虑环境保护的问题，包装设计应该朝绿色化奋力迈进。

▶ 1.1.2　包装设计理念的革新

　　包装的传统概念总是会让人误解，认为包装是商品之外的一种附属品。当然，这种概念的确立过程和包装从古代的包装容器到近代的传统包装形式是分不开的。

　　在商业繁荣的今天，包装不再是商品外在的附属品，而是商品的一部分。这种关系的确立有以下几个原因。

　　（1）包装技术的高速发展。

　　（2）包装的加工技术随着产业化需求和科学技术的日益提高而发展起来，包装作业进入自动化，更准确、更适合的包装设计成为企业为销售商品所追求的目标。如图 1-2 所示为典型的商品包装设计。

图 1-2　典型的商品包装设计

　　（3）包装材料的推陈出新。在科技高度发达的今天，包装材料从天然材料到人工材料的发展，已经取得了质的变化，各种复合包装材料、软式包装材料、缓冲包装材料等新型材料的出现大大地促进了包装设计的发展，使包装设计与商品之间、包装设计与包装功能之间的关系更加紧密。如图 1-3 所示为应用新型包装材料的商品包装设计。

图 1-3　新型包装材料的商品包装设计

（4）包装设计的新观念。传统的包装观念较为注重材料的研究，缺乏通过包装设计将生产和消费贯穿起来的思想；比较重视包装功能中的技术处理的部分，缺乏对包装设计中的艺术处理部分（即视觉设计）的重视。由于现今市场的竞争与日俱增，建立完善、合理的品质意识，追求从技术到艺术都能够较全面地体现包装价值的设计，才是当今企业对商品进行包装设计的目标。只有这样，才能够提升商品在市场营销中的竞争力。如图 1-4 所示为视觉艺术效果突出的商品包装设计。

图 1-4　视觉艺术效果突出的商品包装设计

▶ 1.1.3　常见的商品包装分类

包装是为了商品在流通过程中保护产品、方便储运和促进销售，而按一定技术方法采用材料或容器对物体进行包封，并加以适当的装潢和标识工作的总称。

商品种类繁多，形态各异、五花八门，其功能作用、外观内容也各有千秋。所谓内容决定形式，包装也不例外。为了区别商品可以按以下方式对包装进行分类。

1. 按形态

按形态性质分类，可以将商品包装分为单个包装、内包装、集合包装、外包装等。如图 1-5 所示分别为商品单个包装和集合包装的设计效果。

图 1-5　单个包装和集合包装

2. 按作用

按包装作用分类，可以将商品包装分为流通包装、贮存包装、保护包装、销售包装等。如图 1-6 所示分别为商品销售包装和流通包装的设计效果。

图 1-6　商品销售包装和商品流通包装

3. 按材料

按使用材料分类，可以将商品包装分为木箱包装、瓦楞纸箱包装、塑料类包装、金属类包装、玻璃和陶瓷类包装、软性包装和复合包装等。如图 1-7 所示分别为塑料包装和纸盒包装的设计效果。

图 1-7　塑料包装和纸盒包装

4. 按包装产品

按包装产品分类，可以将商品包装分为食品包装、药品包装、纤维织物包装、机械产品包装、电子产品包装、危险品包装、蔬菜瓜果包装、花卉包装和工艺品包装等。如图 1-8 所示分别为食品包装和药品包装的设计效果。

图 1-8　食品包装和药品包装

5. 按包装方法

按包装方法分类，可以将商品包装分为防水包装、防锈包装、防潮式包装、开放式包装、密闭式包装、真空包装和压缩包装等。如图 1-9 所示分别为防水和密闭式包装的设计效果。

图1-9　防水式包装和密闭式包装

6. 按运输方式

还可以按运输方式分类，可以将商品包装分为铁路运输包装、公路运输包装和航空运输包装等。

1.2　包装设计的发展历程

从古代社会到商品经济发达的今天，衣食住行、一事一物都会和包装产生或多或少的关系，甚至与某些领域密不可分，小到各种日化商品、食品，大到电器、家具、工业品，从生产到储运环节，再到销售环节，包装都起着非常重要的作用。在人类文明进化历程中，每一次社会变革、科技发明、生产力提高以及人们生活方式的进步，都会对包装的功能和形态产生很大的影响。包装设计的发展与演变过程能够清晰地反映出人类文明进步的足迹。

▶ **1.2.1　原始包装**

包装的起源可以追溯到远古，早在距今一万年左右的原始社会后期，随着生产的发展，有了剩余物品需要贮存，于是人们在长期的生产生活中，运用智慧，因地制宜，从身边的自然环境中发现了许多天然的包装材料，如使用藤蔓捆扎猎物，使用植物的叶、贝壳、兽皮等包裹物品，使用葫芦装酒等，这是原始包装的原型。随着时代的变迁，在生产劳动的过程中，使用天然的包装材料逐步演变到制造器皿，人们开始使用植物纤维等制作最原始的篮、筐，使用火煅烧石头，将泥土制作成壶、碗、罐等，用来盛装和保存食物、水和其他物品，开启了早期的包装容器概念。如图1-10所示为早期的原始包装。

包装容器用材的合理性和制作

图1-10　早期的原始包装

的巧妙充分体现了古人在包装中所追求的功能与形式的统一，对于我们今天的包装设计仍然具有很大的启迪和借鉴作用。当然，从现今对包装概念的理解来看，容器已经具备了包装的一些基本特征，比如保护和储运的功能，但它并不能称为真正意义上的包装。

▶ **1.2.2　近代包装**

公元 105 年，蔡伦发明了造纸术，纸逐渐替代了以往成本昂贵的绢、锦等包装材料。从此，纸在商业活动中被大量运用到食品、药品、纺织品、染料、火药、盐等物品的包装中。另外，纸作为包装材料在不断改进，比如加染料制成的有色包装纸，加蜡制成的防油、防潮的包装纸等。公元 601 年，中国造纸术经高丽传至日本；12 世纪传入欧洲，阿拉伯人在西班牙建造了欧洲第一个造纸厂。11 世纪中叶，中国毕昇发明了活字印刷术；15 世纪，欧洲开始出现了活版印刷，包装印刷及包装设计业开始发展。16 世纪，欧洲陶瓷工业开始发展，美国建成了玻璃工厂，开始生产各种玻璃容器。至此，以陶瓷、玻璃、木材、金属等材料的包装工业开始发展，近代传统包装开始向现代包装过渡。如图 1-11 所示为近代包装。

图 1-11　近代包装

▶ **1.2.3　现代包装**

包装真正的发展是在 18 世纪欧洲工业革命之后。随着人类科技的进步，生产技术得到了大幅提高，那些在工业革命背景下产生的科学技术新成果被迅速、广泛地应用于工业生产中，机械化生产使商品成本大幅降低，并催生了大量的消费经济模式，商品由生产至销售的环节更加完善。同时，商品的流通手段也得到了很大的发展，远洋运输、铁路运输以至后来的公路、航空运输的发展使商品流通的范围迅速扩大。因此，在生产到销售的整个环节中，传递商品的储运包装随之兴起。

进入 19 世纪中末期，1856 年，英国的爱德华兄弟发明了瓦楞纸。瓦楞纸重量轻、成本低、具有良好的保护性和成形性，仓储运输成本很低。1890 年，瓦楞纸板制造机的发明带来了储运包装的新纪元。

进入 20 世纪，商品的种类随着人们日益提升的物质生活和精神生活丰富起来，品类的增多使包装材料变得更加丰富和具体。科技的发展日新月异,新材料、新技术的不断出现从多方面强化了包装的功能。随着商品消费形态的变化和卖方市场向买方市场的转变,商品的包装不仅仅应用在储运过程中,同时也转化为市场经济下商品销售的利器。

20世纪中后期开始,国际贸易飞速发展,包装成为商品经济条件下被关注的焦点,大约90%的商品需要经过不同程度、不同类型的包装,包装已经成为商品生产和流通过程中不可或缺的重要环节。

21世纪,随着世界经济的增长和高科技的发展,人们对包装有了更高的要求,并且随着环保理念的提升,世界各国都在加强研究、开发和选用新型包装材料和技术,同时也积极研究如何加强对其废弃物的处理措施和可持续发展的环境策略。

综上所述,包装随着时代的变迁、新技术的发明和应用,以及市场条件的变化,经历了从便捷储运到促进销售的变化和完善。包装设计的发展过程也反映出人类文明与科技的发展。如图1-12所示为现代包装。

图1-12　现代包装

1.3　工业包装与商业包装

如果从商品生产到消费的环节来划分包装,包装设计的领域可以分为两个部分,一部分为工业包装,一部分为商业包装。本节将主要向读者介绍有关工业包装和商业包装的相关知识,使读者对包装的认知更加深入。

▶ 1.3.1　工业包装与商业包装概述

1. 工业包装

工业包装又被称为运输包装,它主要使用在商品的运输线上,是以保护商品为主要目的的包装形式。这一类型的包装设计注重商品在搬运、陆运、海运以及空运过程中的保护性,同时也可以控制商品在流通过程中储运成品的合理化程度。一般所针对的对象包括商品原料、零配件、半成品及成品,基本采用外包(大包装)的形式。

例如,为人熟知的宜家家居,在工业包装设计上口碑极佳。因为其在销售方式上倡导消费者购物之后自己动手组装商品,所以大部分商品都以零配件的方式收纳

在一个包装盒内，盒形设计简单便捷，并针对不同组件加强了保护措施。如图 1-13
所示为工业包装效果。

图 1-13　工业包装效果

2. 商业包装

商业包装又被称为消费包装，它主要使用在商品的销售线上，以零售的商品为
主要设计对象。在商业包装设计上着重考虑商品的行销，如何以合适的材质、独特
新颖的外观设计吸引消费者的关注并促成购买，是商业包装设计的目的。商业包装
主要是以内包（个别包装或小包装）的形式存在的。

商业包装的范例举不胜举，在各大商场、超市随处可见。本书所讲解的包装设
计也主要以商业包装案例为主，如图 1-14 所示为设计精美的商业包装。

图 1-14　精美的商业包装

▶ 1.3.2　工业包装的特点

工业包装的主要功能是进行内容物的保护，使其在储运过程中避免各种可能
产生的外力冲击或气候变化对商品的影响。工业类型的包装一般采用"单元化"的
处理方法，将商品汇集成适合的某种规格（不同商品的规则格有所差异）来进行包
装，例如集装箱。

工业包装的视觉设计处理较为简单，主要依据商品的不同种类加以区分，色彩关系简洁，文字内容以说明性文字为主，如标注易碎、防潮、不可倒置、是否危险等。

1. 工业包装的设计需要注意以下几个问题

（1）由于商品的小包装在设计上形态各异，为了使商品在储运过程中处理起来较为方便，在设计工业包装时需要注意选择容易处理的包装形式和尺寸，这样可以减少商品受损的可能性。

（2）包装在商品的成本中占有较大的比例，过度包装容易使包装成本增加并影响商品的后期行销，所以在工业包装设计上，要根据不同种类商品的实际需求来进行合适的包装设计。

（3）考虑到运输过程中的安全问题，近年来，商品的工业包装采用了大量的发泡塑料用作缓冲材料或固定材料（为避免物品在箱体内晃动的固定措施），这些材料极难回收利用处理，大部分在商品销售过程中被废弃，造成环境污染。所以在工业包装设计中，应该注意开发和运用可再生利用的材料。

工业包装设计如图 1-15 所示。

图 1-15　工业包装设计

2. 影响工业包装设计的两个因素

（1）商品特性：商品是否易损、是否易变质、是否抗腐蚀、是否危险。

商品的工业包装要根据商品的特性来选择对应的包装材质和特殊设计方式。

（2）商品的形态：商品的形态分为液态、固态、颗粒状、粉状等。

商品的工业包装要依据商品的形态进行包装容器的选择和外观设计，如图 1-16 所示。

图 1-16　不同的商品形态和特性选择不同的工业包装

▶ 1.3.3　商业包装的特点

商业包装除了有商品的基本保护功能之外，更在商品的销售过程中起到了提升商品价值、促进销售的作用。

1. 商业包装的结构设计

关于商业包装的结构设计在后面的章节中将会详细进行讲解，这里我们只简单分析一下它的设计切入点。

（1）商业包装的结构设计应该着重考虑包装材质的选择和加工方法，还要考虑到商品的基本保护需求和展示环境，即从商店陈列到家庭放置。

（2）商业包装的结构设计应该考虑到消费者使用的便利性，如携带方便、拆装便利、再利用的可能性等。

（3）商业包装的结构设计应该考虑到如何通过包装的材质、造型的特色来提升商品的竞争力。

如图 1-17 所示为特殊造型的商业包装设计。

图 1-17　特殊造型的商业包装设计

2. 商业包装的视觉设计

商业包装的视觉设计是包含图像、文字、色彩、版式的综合设计，并于这部分内容将在本书第 5 章中进行详细的讲解，在这里我们只对视觉设计的决定因素进行简单分析。

（1）消费群体：消费者的年龄、性别、文化程度、收入状况等。

（2）市场条件：同类商品分析、文化背景、社会因素。

（3）陈列方式：货架式、柜台式、橱窗式。

（4）品牌诉求：商品标识、系列设计的统一性。

如图 1-18 所示为视觉效果突出的商业包装设计。

图 1-18　视觉效果突出的商业包装设计

1.3.4　包装设计的基本要点

商品的包装设计必须要避免与同类商品雷同，设计定位要针对特定的购买人群，要在独创性、新颖性和指向性上下功夫，下面为大家总结了一些商品包装设计的要点。

1. 形象统一

设计同一系列或同一品牌的商品包装，在图案、文字、造型上必须给人以大致统一的印象，以增加产品的品牌感、整体感和系列感，当然也可以采用某些色彩变化来展现内容物的不同性质来吸引相应的顾客群。如图 1-19 所示为系列商品产品包装设计，在设计中都采用了相同的设计风格，只是在色彩和背景图像的处理上有所区别。

图 1-19　形象统一的系列商品包装设计

2. 外形独特

包装的外形设计必须根据其内容物的形状和大小、商品文化层次、价格档次和消费者对象等多方面因素进行综合考虑，并做到外包装和内容物品设计形式的统一，力求符合不同层次顾客的购买心理，使他们容易产生商品的认同感。如高档次、高消费的商品要尽量设计得造型独特、品位高雅，大众化的、廉价的商品则应该设计得符合时尚潮流和能够迎合普通大众的消费心理。如图 1-20 所示为独特的包装外形设计。

图 1-20　外形独特的商品包装设计

3. 图形设计要富有创意

包装设计采用的图形可以分为具象、抽象与装饰 3 种类型，图形设计内容可以包括品牌形象、产品形象、应用示意图、辅助性装饰图形等多种形式。

　　图形设计的信息传达要准确、鲜明、独特，具象图形真实感强、容易使消费者了解商品内容。抽象图形形式感强，其象征性容易使顾客对商品产生联想，装饰性图形则能够出色表现商品的某些特定文化内涵。如图 1-21 所示分别为抽象和具象的包装图形设计。

图 1-21　抽象和具象的包装图形设计

4. 文字标识清晰

　　应该根据商品的销售定位和广告创意要求对包装的字体进行统一设计，同时还要根据国家对有关商品包装设计的规定，在包装上标示出应有的产品说明文字，如商品的成分、性能和使用方法等，还必须附有商品条形码。

5. 配色合理

　　商品包装的色彩设计要注意特别针对不同商品的类型和卖点，使顾客可以从日常生活所积累的色彩经验中自然而然地对该商品产生视觉心理认同感，从而达成购买行为。

6. 材料环保

　　在设计包装时应该从环保的角度出发，尽量采用可以自然分解的材料，或通过减少包装耗材来降低废弃物的数量，还可以从提高包装设计的精美和实用角度出发，使包装设计向着可被消费者作为日常生活器具加以二次利用的方向发展。

7. 编排构成

　　必须将上述外形、图形、色彩、文字、材料等包装设计要素按照设计创意进行统一的编排、整合，以形成整体的、系列的包装形象，如图 1-22 所示。

图 1-22　整体的包装形象设计

1.4 包装设计的功能

从形式上说，包装设计就是商品的一层外衣，但它的功能已不仅仅体现在保护商品上。社会的发展、人们生活方式的改变，使包装设计变得复杂而多样。从发展的角度来看，这是为了适应时代的需求；从营销的角度来看，这是为了占有市场。就包装设计的功能而言，我们从不同的角度看会有不同的见解。我们从设计的角度对其加以归纳，可以分别从传达功能、使用功能、保护功能和美化功能这四个方面来阐述。

▶ 1.4.1 传达功能

传达功能体现在准确地传达商品信息，内容包括商品的类别、商品的属性、商品的档次和商品的使用对象。这些都应该在营销过程中准确地传达给消费者，方便消费者能够在短时间内做出正确的判断。在一个多元化的消费社会中，包装设计中的传达功能应该是第一位的，传达的目的是为了易于识别，易于消费者了解商品，使商品能够在众多的商品中脱颖而出。这就要求包装设计既要有个性、有新意，又要做到传达信息的准确，适应现代的营销模式。

如图 1-23 所示为一款出色的果汁产品包装设计。

图 1-23　果汁产品包装设计

商品的种类可谓成千上万，人们在消费这些商品时会自然地把它们归为某一种类别，如食品或化妆品类等。这种类别的划分体现在包装设计上似乎就形成了一种模式，这种约定俗成的模式需要我们在设计时认真对待。具体地说，为酒类包装所做的设计不能像化妆品设计，化妆品的包装设计不能像洗涤用品设计等，否则商品就很难得到消费者的认同。

在设计的形式和手段上，必然要传达给消费者一个完整的视觉形象，并且要通过商标、文字、色彩和图形等相关设计元素，使形式和内容有机地结合起来。无论采用什么样的包装形式，最终都要能够使消费者明白包装的商品是什么和为什么人而用，这也是包装设计的先决条件之一。

如图 1-24 所示的月饼礼盒设计，通过书法字体与传统文化图形相结合，很好地体现出了中国传统佳节的喜庆氛围，而包装盒上的图形与文字都使用了烫金的特殊印刷工艺，使整个月饼礼盒的视觉表现效果更加高端、大气。

图 1-24 月饼礼盒包装设计

☆ 提示

一个商品在消费者心目中的位置是由多方面因素形成的，除了商品本身的质量外，各种媒体广告传达给消费者的信息也是非常重要的因素。人们对一件商品有了初步的了解之后，在其付诸购买行动时，该商品对其购买意向就会产生影响。从这个角度上来说，包装设计的传达功能也是一种提示，提示的结果是唤起消费者的记忆和引导消费。

▶ 1.4.2 使用功能

毫无疑问，商品是用来使用的。在使用商品的过程中，如何为消费者提供更多的方便是包装设计需要解决的具体问题。使用功能集中体现在包装结构设计的合理性，包装结构分为外形结构、开启结构、大小结构和设计结构。不同的结构设计有着不同的功能，目的是让消费者在购买和使用商品时携带方便、开启方便、存储方便和回收方便。

1. 合理的外形结构

外形结构是指包装的外在形态，这种结构需要和商品的形态相吻合，使两者构成有机的整体。合理、巧妙的外形结构设计是为携带提供方便，便于购买者提、拿、带。如图 1-25 所示为啤酒包装设计，啤酒产品本身采用了玻璃瓶的包装方式，为了便于多瓶啤酒的搬运，设计了带有中间提手的包装箱，不仅能够起到对商品保护、宣传作用，而且便于购买者提拿。

2. 合理的开启结构

包装的盒、瓶、听、罐等都需要开启，在这类包装中已有很多成熟的技术，如易拉罐、光盘的塑料套封，以及防伪瓶盖等很容易开启，且手感舒适。有效地利用这些技术手段开发各种可能性，目的是为消费者提供更多使用上的方便。如图 1-26 所示为牛奶包装设计，采用极简的包装设计方式，透明的玻璃瓶身只有品牌名称和少量说明文字，顶部的瓶盖设计非常特别，采用瓶塞的方式悬挂于瓶口，方便用户的开启和反复使用。

图 1-25　啤酒包装设计　　　　　图 1-26　牛奶包装设计

3. 合理的大小结构

一次使用的和多次使用的体现在大小结构上有不同的特点，一次使用的商品要简洁、方便；多次使用的商品要利于存放，便于多次使用。这些都要在包装的大小结构上进行调整，使包装结构更为合理。

如图 1-27 所示为袋泡茶的包装设计，单个袋泡茶都采用了独立的纸制小包装，多个独立小包装采用盒装便于存储，无论是盒装还是独立小包装都采用了统一的设计风格，整体视觉表现效果统一。

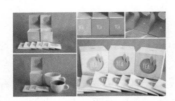

图 1-27　袋泡茶的包装设计

4. 合理的设计结构

设计结构是指包装在使用过程中和使用之后的结构设计，前者是指合理地按商品结构进行包装；后者是指在使用完商品之后，使包装结构便于折叠、压缩，利于回收。

如图 1-28 所示为一款休闲食品的包装设计，采用纸盒作为包装材质，并且将纸盒制作成类似于小房屋的结构形式，无论是包装的材质还是结构都非常便于压缩、回收。

图 1-28　休闲食品包装设计

以上是对商品包装使用功能所做的归纳，但并不是说所有的包装设计在使用功能各个方面都能做到十分完美，这往往是由不同的商品属性所决定的，例如葡萄酒瓶的开启就很麻烦，需要使用专用的工具，我们之所以介绍使用功能的诸多方面，是为了在进行包装设计的过程中尽可能体现出包装的使用功能，使消费者在使用时更加方便。

▶ 1.4.3　保护功能

保护功能的目的首先是保护商品，再者就是保护商品在流通过程中不被损坏。在进行包装设计时，保护功能具体体现在包装材料的运用和包装结构的设计上。

1. 针对产品的物质属性选择包装材料

产品的种类繁多，物质属性各异，产品的不同物质属性在很大程度上决定着包装材料的运用。产品有液体的、固体的、易损坏的、易变质的等，包装材料就要针对这些不同的物质属性做出相应的选择。在这个环节上，主要考虑的是对产品本身的保护。常用的针对性材料如下：

饮料、食品、酒、调味品多采用金属、玻璃、陶瓷、塑料等材料，制成罐、瓶、筒、盒、袋等。

易挥发、易变质食品多采用玻璃、陶瓷、软金属、复合材料等，制成盒、瓶、袋等。

如图 1-29 所示为生鲜食品的包装设计，为了保证食品的完全密封和品质的保证，采用了铝罐材料包装。如图 1-30 所示为酒类产品的包装设计，酒类产品属于液体，多使用玻璃瓶作为包装材料，玻璃材质具有密封、保存时间久的特点，并且通过玻璃瓶身能够直接观察产品的品质。

图 1-29　生鲜食品包装设计

图 1-30　酒类产品包装设计

2. 外包装的材料选择和结构设计

对于易碎的和易损坏的产品和包装，需要再加外包装进行保护，如玻璃类、陶瓷类的产品包装和纸质小包装等，大多需要进行二重包装。

材料：纸与纸板（实心纸或瓦楞纸）、木材、纺织品（麻或棉）、金属等，可以制作成纸袋、纸盒或包装纸、木盒、木箱、布袋、金属盒等。

结构：扣盖、摇盖、推拉盖、间壁、填充物等。

如图 1-31 所示为葡萄酒的外包装设计，葡萄酒本身通常使用玻璃瓶作为包装材料，但是玻璃属于易碎品，所以通常会为葡萄酒商品搭配硬纸盒、木质或金属的外包装盒，从而对商品本身起到有效的保护作用，并且合理地使用外包装盒能够使商品表现得更加高档。

图 1-31　葡萄酒外包装盒设计

▶ 1.4.4　美化功能

一个商品配以恰当的包装，会显得美观、悦目，也使人们在消费时既能够得到物的享受，又能够得到心理上的满足。作为消费者，在这一点上我们都会有所体会。作为设计者，我们如何理解美化功能是很重要的。

如果把美化功能看作是商品包装的一种附加装饰，那就是错误的，原因在于这是对商品的美化功能的片面理解，这种理解会导致人们片面地追求视觉效果而忽略了包装与商品的关系。包装设计本身具有强烈的功能性，其中美化功能并不是可有可无的，它必须反映出商品的内容和档次。好的设计可以提升商品的形象，反之坏的设计会破坏商品的形象，结果只有这两个。因此，我们要给予美化功能足够的重视。如图 1-32 所示为出色的食品包装设计，通过食品包装的设计可以使食品的表现更加诱人，有效吸引消费者的关注。

图 1-32　出色的食品包装设计

把美化看作是附加的装饰还会出现另一种情况，就是不重视美化功能的作用，认为卖的是商品，包装的好坏无关紧要。正是这种错误的理解导致市场上出现一些粗制滥造的包装，这类包装的商品不论好与坏，首先在形象上就已经让消费者失去了信心。

需要强调一点，美化要恰如其分，夸张的美化和不足以体现商品价值的美化都是不可取的。随着消费水平的提高，人们的消费观念和对商品的判断能力也在不断提高，所以商品要使人感到物有所值，包括美化功能给商品增加的附加价值。因此，既不能为追求附加值而在包装上夸大商品的档次，也不能无视包装的美化功能作用。无论采用什么样的包装材料和设计手段，都要和具体的产品相结合，脱离开产品，其美化也就毫无意义。如图1-33所示为出色的商品包装设计。

图1-33 出色的商品包装设计

☆提示

从设计的角度来看，美化功能是包装材料、结构、色彩、图形、文字等的结合体现，其中包含着设计者的创意和匠心。运用包装设计中的各种要素使包装达到完美的效果，其结果是对消费者精神上的补偿。

1.5 包装设计对企业形象的影响

人们在满足日常生活水平需要的前提下，对于品牌的要求也日益增强，企业发展与壮大的前提必然是品牌形象的提升，而商品的包装设计作为企业品牌进行传播的一个重要载体，对企业的品牌宣传和形象提升起到了重要的作用与影响。

▶ 1.5.1 包装是商品向商品化迈进的必然步骤

商品从原料加工所在的生产线走向市场，几乎所有的过程都难以脱离包装。在生产线环节，每一件商品及组成商品的细节，都要有与其相应的包装结构设计来配合，自动化包装系统也随之出现在生产线上。

　　从生产线走向运输线，首先要完成"包装线"。这里所出现的"包装线"要完成两部分内容，一部分是在进入运输线之前，为了避免运输过程中可能出现的问题所采取的保护包装，即由商品的保护需求所产生的包装，如图 1-34 所示；另一部分则是为商品商业化所进行的包装视觉设计，如图 1-35 所示，主要目的是提升商品价值，提高商品进入市场后的竞争力。

图 1-34　商品保护包装　　　　　　　　　图 1-35　商业化视觉包装设计

▶ **1.5.2　包装对企业形象的影响**

　　人们在购买商品时大概都有这样的经验：包装质地优良、视觉整洁、结构合理、密封效果好的商品，往往很容易获得认可，并因此而产生购买行为。所以，包装设计的品质会直接影响到消费者对品牌的印象。

　　包装对企业形象的影响具体表现在以下 3 个方面。

　　（1）在包装生产的过程中，新型材料和技术的运用可以起到节约生产成本、提高企业竞争力的作用。

　　（2）在商品储运过程中，好的包装设计不仅可以降低搬运过程中的成本，还可以保证商品的品质，安全地把商品送到客户的手中，从而维护企业的信誉。

　　（3）优秀、整体的包装设计，如图 1-36 所示，是吸引消费者注意力、造成消费者对品牌认知的最好途径。同时，还可以提升商品的价值，对于企业形象的推广有着较为重要的作用。

图 1-36　优秀的商品包装设计

▶ **1.5.3　正确的现代包装理念**

　　在商品繁荣、市场竞争激烈的前提下，现代的包装设计不再是商品外在的附属品，而是商品本身的一部分，它是集现代科学技术和先进设计思想为一体的表现形式。

　　正确的现代包装理念在买方市场为主导的市场经济条件下，在注重传统包装所要求的基本功能之外，兼有刺激消费、促进商品行销的重要作用。在整个商品行销过程中，优秀的包装设计、别具匠心的表现风格，可以增加消费者对品牌的信赖和对商品的购买欲望，创造合理化的利润。同时，还要注重环保理念的提升和可持续发展策略的制订。如图 1-37 所示为另具匠心的商品包装设计。

图 1-37　别具匠心的商品包装设计

1.6　本章小结

　　包装作为实现商品价值和使用价值的手段，在生产、流通、销售和消费领域中发挥着重要的作用。在本章中详细向读者介绍了有关包装设计的相关基础知识，使读者对包装设计有更加深入的认识和了解。

第2章

包装设计的流程与定位

本章主要内容

包装设计定位是以打造品牌为中心，坚持竞争导向和占据心智，或者说是打造品牌或产品在消费者心目中的差异化优势。包装设计的成功关键在于比竞争者更了解消费者的需求，这就需要对市场需求和企业提供的服务具有更深刻、独到的认识。

本章主要向读者讲解了包装设计定位与消费心理相关的知识，阐述了包装设计的基本流程、设计定位的概念、包装设计定位的方法以及消费心理对包装设计的影响。

2.1 包装设计的流程

建造房屋的流程是要先打地基，再筑墙体，最后才盖屋顶，而不是倒过来。顺应科学规律的、合理的流程，能够起到事半功倍的效果；不合理的、不科学的流程，则事倍功半。包装设计也是如此。

在设计工作台前常见的包装设计流程是：前期构思→草图绘制→电脑辅助设计→设计稿打样。但是在实际的商品包装设计过程中，一款商业包装的设计流程却延伸到更多的环节：下单→调研→设计定位策略→设计→印刷→包装→储运→上架→销售→消费。如图 2-1 所示为包装设计的流程示意图。

图 2-1　包装设计流程示意图

• 下单

下单是委托方下达包装设计任务环节，需要签订好设计合同，合同中主要明确：设计项目的内容、数量、质量和时间要求等，明确双方的责、权、利，明确设计费用和支付方式等。

• 调研

调研是指根据设计任务展开市场调研，明确商品的定位环节。同时，通过调研对市场上同类型的竞品包装进行分析，发现可能发展的设计方向和可能存在的风险，为设计定位的制订打好基础。

• 设计定位策略

主要是根据既定的设计目标和定位，结合所设计商品的具体特点，制订有效的设计策略，包括其针对的消费群体，所使用的设计定位策略等。

• 设计

设计是包装设计流程中的核心环节，包括"前期构思→草图绘制→电脑辅助设计→设计稿打样"等工作。设计环节的前段，是把由前期的调研成果提炼而成的设

计目标，以设计方案的方式进行呈现和讨论的过程；中段，主要是设计方案的细节完善；尾段，主要是确保设计方案符合相关行业规范，进行印前设计。

• 印刷

印刷是印刷制作方按照设计生产制成品包装的环节。在该环节中，设计方应该注意印前对包装印刷厂的技术交底，以使印刷厂能够更好地理解设计意图，尽量确保批量生产的包装能更好地还原设计效果。

• 包装

包装是指将印刷好的商品包装运送到企业的包装线进行商品包装的环节。包装设计师应该提前了解企业的产品包装线有哪些技术特点，这些技术特点会影响到包装设计的哪些方面。

• 储运

储运是指包装从包装生产企业到达商品生产企业，在包装商品后再到销售终端的存储、运输的过程。在储运过程中，确保商品安全、方便商品识别是包装设计重点考虑的内容。有时也需要兼顾考虑运输包装在卖场的堆码效果。

• 上架

上架是指包装好的商品经过物流运输到卖场后，摆上货架进行销售的环节。不同的卖场条件、不同的货架展示方式，都对商品包装的呈现效果产生不同的影响。设计师应该研究这些内容，在包装设计方案中进行预先考虑，确保大多数情况下商品包装能够具有较好的货架展示效果。

• 销售

销售指消费者依据商品包装形象与信息选择和购买商品的环节。在该环节中，消费者找寻、关注、了解和接受商品的状态不尽相同，包装设计时应该加以研究考量。

• 消费

消费是指包装随着商品一起被购买与消费的环节。包装设计师通常需要考虑几个方面的情况：商品的购买者与最终的消费者是否相同？商品消费的主要场所、时机和情形是怎样的？商品被消费时，需要包装提供怎样的便利？商品消费后，包装是被直接抛弃还是能够被再利用？包装被遗弃后是否易于回收利用和降解？等等。

2.2 了解包装的设计定位

准确的定位才能够最大可能地抓住消费者。商品所针对的消费群体通常是由商家确定的，因为商家对商品的市场环境更为熟悉。因此，包装设计者需要与商品的生产者进行良好的沟通，尊重商家的意见。但有一些商家是比较贪心的，他们希望所有的消费者都接受他们的商品，殊不知大众化的设计是缺乏个性的。还有一些商品的消费群体本身就是比较广的，这就需要设计者找到一个恰当的突破点，以某个消费群体为主要对象进行设计。

▶ 2.2.1　什么是定位

定位设计是从英文 Position Design 直译过来的，是从 1969 年 6 月由美国著名的营销专家艾·里斯和杰克·特劳特提出的定位理论"把商品定位在未来潜在顾客的心中"而得来的。商品包装通过定位设计取得了显著的效果。

定位的概念，商品定位是用来激励消费者在同类商品的竞争中，对本商品情有独钟的一个基本销售概念，是设计师通过市场调查，获得各种有关商品信息后，反复研究，正确把握消费者对商品与包装需求的基础上，确定设计的信息表现与形象表现的一种设计策略。在包装设计中要更多地考虑如何体现商品的人性化，以争取消费者为目标。设计定位的准确与否将直接影响包装设计与商品的成败，设计师应该充分意识到设计定位的重要性。

不同的消费群体会有不同的喜好，怎样才能把握住特定消费群体的喜好呢？人的兴趣、爱好会受到性别、年龄、生长环境等因素的影响而发生变化，但这也不是完全无迹可寻的。我们会发现儿童普遍喜欢卡通形象，因此很多针对儿童的商品包装设计会选用卡通图形，如图 2-2 所示；女性普遍喜欢比较柔和的色彩，因此很多针对女性的商品包装设计用色会比较柔美，如图 2-3 所示；老人大多比较保守，因此大部分针对老人的商品包装设计会避免使用夸张的形象和色彩，如图 2-4 所示。此外，地区、文化背景的不同，或是受到时代、艺术思潮的影响，甚至是季节、气候、消费者心理的不同，都会对消费者的喜欢产生影响。

图 2-2　针对儿童的商品包装设计

图 2-3　针对女性的商品包装设计

图 2-4　针对老年人的商品包装设计

▶ 2.2.2　包装设计的定位对象

包装设计中首先要解决的问题是针对哪个对象进行包装设计，主要包括：谁生产的商品、是什么商品、为谁生产商品。对应于这 3 点，包装的对象总体上可以分为品牌、商品、消费对象 3 个方面。

1. 品牌

品牌的目的是识别某个销售者或某群销售者的商品，并使之同竞争对手的商品区别开来，也就是用来诠释"谁生产的商品"。

2. 商品

商品包括其本质属性和特点，例如材料、功能、结构等，主要用来诠释"是什么商品"。

3. 消费对象

消费对象显而易见是购买这个商品的人群，老人、小孩还是中年人？高学历、高素质人群还是一般普通民众？也就是用来诠释"为谁生产商品"。

2.3　包装的设计定位方法

如何完成包装的设计定位呢？首先，在前期调研分析的基础上，找准品牌、商品、消费对象这 3 个对象的相关信息和联系要点，然后，在准确把握市场、确定消费群体和了解商品及其包装需求后，制订出一套完整的设计策略。本节将针对品牌、商品、消费对象这 3 个对象，具体说明如何从这 3 个角度制订商品包装设计的战略定位。

▶ 2.3.1　品牌定位

品牌是一个企业的标志，从外表上看只不过是企业 Logo 本身，但其中却蕴含着企业诉求、企业文化、企业理念等，是一个综合概念。品牌定位的策略必须考虑以下3点。

1. 展现商品特性

品牌设计的效果一般和商品的特性相关联，如果能够很好地将品牌 Logo 的视觉传达效果展现在包装中，就能够让人一目了然地了解商品的特性。

图形和元素之间的层次感可以在干扰视觉的同时，突出自身所想要体现的主题，这种表现方式往往是比较直接而且有效的。

如图 2-5 所示为海鲜产品的包装设计，对包装盒进行局部镂空处理，巧妙地将产品本身的局部与包装盒上的图形相结合，非常形象，消费者一眼就能够分辨包装盒中的产品。

如图 2-6 所示为一系列果味饮料的包装设计，不同口味的产品不仅使用了不同的颜色，而且使用了该口味的水果图形设计，表现效果非常直观。

图 2-5　海鲜产品包装设计　　　　图 2-6　果味饮料产品包装设计

2. 呈现品牌信息

有很多商品生产企业以本企业名称作为品牌名称，如果能够将商品生产企业的企业理念、企业文化和企业诉求通过品牌体现出来，就能够使品牌在市场上展现其独一无二性，使消费者能够全方位了解商品。

1921 年 5 月，当香水创作师恩尼斯·鲍将他发明的多款香水呈现在香奈儿夫人面前让她选择时，香奈儿夫人毫不犹豫地选择了第五款，即现在享誉全球的香奈儿 5 号香水，如图 2-7 所示。

3. 方便消费者识别

将具有自身特色的品牌图形和符号用在包装设计中，这样能够给消费者留下深刻印象，易于和其他商品相区别。

如图 2-8 所示为可口可乐品牌商品的包装设计，该品牌是享誉全球的知名饮料品牌，其产品包装无论是瓶装、罐装等任何包装形式，包括其外包装大多使用标志的红色作为主色调，而包装上重点突出其品牌标志的表现，加深消费者对品牌的印象。

图 2-7　香奈儿 5 号香水的包装设计

图 2-8　精美的商品包装设计

☆ 提示

需要注意的是，在制订定位策略时，上述 3 点在同一品牌中不一定能够同时体现出来，这也是在进行品牌定位时需要考虑的问题。而且在品牌定位中，对品牌的本体及其延伸都要认真思考，尽量通过一些形象化的方式，将品牌含义赋予设计中，从而体现商品的独一无二。

▶ 2.3.2　商品定位

　　商品是包装设计的主体对象，包装设计都是围绕商品的方方面面展开的，在进行商品定位策略的思考时，应该注意以下几点。

1. 区分商品种类

　　不同的商品有不同的外在和内在，在纷繁的商品种类中，通过包装设计将商品一一区分，哪怕是品种差异很微小的商品，也应该通过包装使消费者能够轻易地区别开来。例如，冰淇淋包含有多种不同口味，各种口味的冰淇淋需要在包装中进行区分，这样才能让消费者很轻松地找到自己想要的口味，如图 2-9 所示。再如，一系列茶叶罐装包装的设计，整体采用了相同的主色调以及排版设计方式，仅仅是不同的茶叶使用不同的标签颜色进行区分，整体形象统一，又很容易进行区分，如图 2-10 所示。

图 2-9　冰淇淋系列包装设计

图 2-10　茶叶系列包装设计

2. 标明商品用途

商品有不同的品味和性质，并且具有不同的用途，这些都必须在包装中得到体现。

如图 2-11 所示为一款红酒产品的包装设计，通常红酒产品都会采用玻璃瓶包装，而玻璃属于易碎材质，通常都会为其搭配纸盒或纸箱的外包装，该款红酒产品的外包装非常简洁并富有创意，简单的纸板组合，既起到了保护商品的作用，又方便用户提拿。

图 2-11　红酒产品的包装设计

3. 突出商品特色

商品特色不仅是商品占领市场的有力武器，也是使商品具有强大生命力的关键。在对商品进行包装设计时，应该突出商品与众不同的地方，例如丰富的口味等。

如图 2-12 所示为果汁饮料的包装设计，使用透明玻璃瓶作为包装材料，通过瓶身能够清晰地看到果汁的效果，不同的果汁本身的色彩不同，从而很好地表现出不同口味果汁的特点，并且不同口味的包装瓶上设计了不同颜色的标题，突出表现不同果汁的口味。

如图 2-13 所示为一系列的化妆品包装设计，根据每种产品的不同属性特质采用了不同的包装容器，但是每种包装的配色以及版式设计都保持了统一，既区分了不同的商品，又使得一系列商品保持了统一的形象。

图 2-12　果汁饮料包装设计　　　　图 2-13　化妆品系列包装设计

4. 表现商品的质量和档次

针对不同的消费群体，商品有高、中、低三种档次，其质量也各不相同。对于不同档次的商品，其包装设计要求也各不相同，低档的商品没有必要使用奢华的包装，而高档的商品则需要通过适当的包装效果呈现出商品的高品位。

中低档次的商品通常都是面向普通大众消费人群，所以这类商品通常采用普通常见的包装形式，包装成本较低，给人一种平易近人的感觉，如图2-14所示。高档次的商品通常都会采用比较复杂的包装形式，从而提升商品的档次感，如图2-15所示。

5. 说明使用方法

不同商品的使用方法也不一样，食品、果酱等都需要有详细的说明，而对于工具商品就更不用说了，只有说明了商品的使用方法，消费者才能有效、正确地使用商品，以发挥其作用。如图2-16所示的工具产品包装，巧妙地将工具产品本身与图形设计相结合，很好地说明了某些人的使用方法和特点，并且能够带来很好的视觉效果。

图2-14　中低档次商品包装设计　图2-15　高档商品包装设计　　　图2-16　工具产品包装设计

▶ 2.3.3　消费对象定位

消费对象是商品投放市场所面向的人群，也就是商品是给哪些人使用的。影响消费群体的因素很复杂，在进行设计定位时必须准确把握，否则如果商品面向的人群与包装呈现的效果不一样，就会影响商品的销售。这里主要介绍以下几个方面供设计者在定位时参考。

1. 消费的群体对象

商品消费对象的性别、年龄、职业、文化等的不同，使商品消费对象对商品的需求也不一样，例如儿童与成人、小学生和大学生、男性和女性等对商品的需求就具有很大的区别。

男士护肤产品的包装多采用黑白灰无彩色作为主色调，搭配冷色调色彩进行设计，并且包装通常使用纯色设计，视觉效果简洁，如图2-17所示；而女士护肤品的包装则多采用柔和的色彩进行设计，并且也常搭配花纹等图案设计，从而表现出女性的柔美，如图2-18所示。

图 2-17　男士护肤品包装设计　　　　图 2-18　女士护肤品包装设计

2. 家庭构成区别

家庭构成有大有小，因此对商品的需求也不同。商品需要根据家庭的组成及其比例来生产，例如五口之家和两口之家对商品的需求就有很大的区别。

如图 2-19 所示为某饮料商品的包装设计，既有独立的易拉罐包装，也有整箱的包装，并且独立的商品包装与整箱的包装设计采用了相同的设计元素，从而保持统一的视觉形象。

图 2-19　饮料商品包装设计

3. 心理因素不同

心理因素在当下最受设计界的重视，设计心理学如今在设计领域中被考虑得更为细致周到，心理因素对商品的销售也有很大的影响。

如图 2-20 所示为某罐头食品的包装设计，通过透明玻璃瓶突出表现产品本身的形态，甚至包装中的产品都没有经过后期的加工，保持了采摘时的原形态，这样的包装设计能够给消费者一种产品非常新鲜、原生态的心理印象。

图 2-20　罐头食品包装设计

　　包装设计针对的对象很丰富，涵盖的内容也很多，在设计时无法一一列举和全面呈现，这就需要包装设计者能够抓住重点，突出某些要素，充分体现商品的优势。例如，如果是知名品牌，则应该着重在品牌定位上下功夫，如图2-21所示为星巴克的包装设计，无论是平时的商品包装，还是为节日推出的特别包装，在设计上都是以突出品牌的表现为主；如果是具有民族特色的商品，则应该以商品定位为佳，如图2-22所示。

图 2-21　星巴克商品包装设计

图 2-22　富有传统文化特色的包装设计

2.4　消费心理对于包装设计的影响

　　随着我们市场经济的不断发展和完善，广大消费者已日趋成熟和理性，市场逐渐显露出"买方市场"的特征，这不但加大了商品营销的难度，同时也使包装设计遇到了前所未有的挑战，促使商品的包装把握大众的消费心理，朝着更加科学、更高层次的方向发展。

▶ 2.4.1　消费心理与包装设计的关系

　　一款商品能否有良好的销售业绩必须经过市场的检验。在整个市场营销过程中，包装担任着极为重要的角色，它用自己特有的形象语言与消费者进行沟通，去影响消费者的第一情绪，在消费者第一眼看到它时就对它所包装的商品产生兴趣。它既能促进成功，也能导致失败。没有吸引力的商品包装会让消费者一扫而过。

包装成为实际商业活动中市场销售的主要行为，因此包装不可避免地与消费者的心理活动产生密切的联系。而作为包装设计者，如果不懂得消费者的心理，则会陷于盲目的状态。怎样才能够引起消费者的注意，如何进一步激发他们的兴趣、诱发他们采取最终的购买行为，都必须涉及消费心理学的知识。因此，研究消费者的消费心理及其变化是包设计的重要组成部分。只有掌握并合理运用消费心理规律，才能够有效地改进包装设计质量，在增加商品附加值的同时，提高销售效率。

▶ 2.4.2　消费心理特征

消费心理学研究表明，消费者在购买商品前后有着复杂的心理活动，而根据年龄、性别、职业、民族、文化程度、社会环境等诸多方面的差异，划分出众多不同的消费群体及其各不相同的消费心理特征。根据近些年来对百姓消费心理的调查结果，大体上可以将消费心理特征归纳为以下几种。

1. 求实心理

大部分的消费者在消费过程中的主要消费心理是求实心理，他们认为商品的实际效用最重要，希望商品使用方便、价廉物美，并不刻意追求商品外形的美观和款式的新颖。持有求实心理的消费群体主要是成熟的消费者、工薪阶层、家庭主妇，以及老年消费群体。如图 2-23 所示为某生鲜食品的包装设计，对于生鲜食品，消费者最在意的就是食品的新鲜程度，所以包装设计简洁，并且通过包装消费者可以直接去观察食品的新鲜度，非常直观。

2. 求美心理

经济上有一定承受能力的消费者普遍存在着求美心理，他们讲究商品自身的造型及外部的包装设计，比较注重商品的艺术价值。持有求美心理的消费群体主要是青年人、知识阶层，而在此类群体中女性所占的比例较高。在商品类别方面，首饰、化妆品、服装、工艺品和礼品的包装需要更加注重审美价值心理的表现。如图 2-24 所示为两款女士香水的包装设计，无论是商品造型设计，还是视觉设计都比较出色，特别受到年轻女性的欢迎。

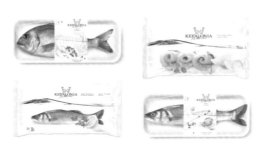

图 2-23　生鲜食品的包装设计

图 2-24　造型和视觉设计出色的包装设计

3. 求异心理

具有求异心理的消费群体主要是 35 岁以下的年轻人，该类消费群体认为商品及包装的款式极为重要，他们讲究包装的新颖、独特、有个性，即要求包装的造型、色彩、图形等方面更加时尚、前卫，而对商品的使用价值和价格高低并不十分在意。在该类消费群体中，青少年占有相当大的比例，对他们来说，有时商品的包装比商品本身更为重要。针对这群不可忽视的消费群体，商品的包装设计应该突出新奇的特点，从而满足他们求异心理的需求。如图 2-25 所示为新颖个性的商品包装设计。

图 2-25　新颖个性的包装设计

4. 从众心理

具有从众心理的消费者乐于迎合流行风气或效仿名人的作风，此类消费群体的年龄层次跨度比较大，因为各种媒体对时尚及名人的大力宣传，所以促进了这种心理形为的形成。为此，包装设计应该把握流行趋势，例如直接推出深受消费者喜欢的商品形象代言人，从而提高商品的信赖度等。如图 2-26 所示为果汁饮料类的包装设计，为了能够表现出果汁本身的色彩及品质，大多采用透明材质作为果汁产品的包装。

图 2-26　果汁饮料的包装设计

5. 求名心理

无论哪一种消费群体都存在一定的求名心理，他们重视商品的品牌，对知名品牌有信任感和忠诚感，在经济条件允许的情况下，他们甚至不顾商品的高价位而执意购买。因此，通过包装设计树立良好的品牌形象是商品销售成功的关键。如图 2-27 所示为突出表现商品品牌的包装设计。

图 2-27　突出品牌表现的包装设计

☆ 提示

消费者的心理是复杂的，很少有消费者能够长期保持一种取向，在大多数情况下，消费者可能有综合两种或两种以上的消费心理需求。消费心理的多样性追求促使着商品包装呈现出多样化的设计和表现风格。

▶ 2.4.3　包装品牌系列化设计方法

1. 系列化包装设计策略

企业对所生产的同类别的系列商品，在包装设计上采用相同或近似的色彩、图案及排版方式，人而突出商品视觉形象的统一，使消费者认识到这是同一类别的商品，从而产生自然联想，把商品与企业形象结合起来。这样做可以节约包装设计和印刷制作的费用以及新商品推广所需要的庞大宣传预算，既有利于商品迅速打开销路，又强化了企业形象。如图 2-28 所示为品牌系列化商品包装设计。

图 2-28　系列化商品包装设计

2. 等级化包装设计策略

消费者由于经济收入、消费目的、文化程度、审美水准、年龄层次的差异，对商品包装的需求心理也有所不同。因此，企业应该针对不同层次的消费者的需求特点，制订不同等级的包装策略，以此来争取各个层次的消费群体，扩大商品的市场份额。

如图 2-29 所示为某品牌茶叶的包装设计，针对不同的消费者应用了等级化的包装策略，普通消费者可以选择普通铝罐包装的商品，同时也提供了礼盒包装的商品，有效提升商品的档次感。

图 2-29　等级化商品包装设计

3. 便利性包装设计策略

从消费者使用的角度考虑，在包装设计上采用便于携带、开启、使用或反复利用的结构，如手提式、拉环式、按钮式、撕开式等，以此来赢得消费者的好感。

如图 2-30 所示为某酸奶食品的包装设计，使用纸盒包装，多个商品同样使用纸盒结构进行拼装，方便整体提拿，而且开启方便。

4. 配套包装设计策略

企业对相关联的系列商品采用配套包装的方式进行销售，配套包装策略有利于带动多种商品的销售，同时还能够提高商品的档次。

如图 2-31 所示为某品牌护肤产品的包装设计，不同用途的配套产品使用了不同的包装容器，但是它们都采用了相同的包装设计和配色，从而形成配套商品。

图 2-30　酸奶食品包装设计　　　　　　图 2-31　护肤产品包装设计

5. 更新包装设计策略

更新包装的目的：一是改进包装，使销售不好的商品重新焕发生机，具备新的形象力和卖点；二是使商品锦上添花，顺应市场变化，保持商品的销售旺势和不断进步的企业和品牌形象。

通常，滞销商品的包装适合采取较大的改变，使商品以全新的势态呈现在消费者面前；而旺销商品的包装则适合采取循序渐进式的更新方式，在保持商品认知度的情况下，使商品体现出充满活力而新颖的面貌。

如图 2-32 所示为茶饮料的新老包装设计对比，为了适应市场的变化，通过包装设计的变化能够重新唤起消费者对商品的关注。

6. 复用包装设计策略

复用是指商品包装的再利用。根据目的和用途不同，复用包装基本上可以分为两大类，一类是从回收再利用的角度来讲，另一类是从消费者的角度来讲。商品使用后，其包装还可以作为其他用途使用，变废为宝，而且包装上的企业标识

图 2-32 茶饮料产品新老包装设计对比

还可以起到继续扩大宣传的作用。复用包装设计策略要求设计者在设计该类包装时，要考虑到包装再利用的特点，以及提供最大复用的可能性和方便性。

如图 2-33 所示为可重复利用的罐装包装设计，采用铝罐或硬纸板的罐装方式能够获得很好的密封贮存效果，商品用完之后还可以将包装罐重复利用，贮存茶叶、糖果等。

7. 企业协作包装设计策略

企业在开拓新的市场时，由于宣传等原因，其知名度可能并不高，而所需的广告宣传的投入费用又太大，而且很难立刻见效。这时，企业可以联合当地具有良好信誉和知名度的企业共同推出新商品，在包装设计上重点突出联手企业形象。这是一种非常实际、有效的策略，目前在国际上是一种常用做法。

图 2-33 可重复使用的罐装包装设计

如图 2-34 所示为"江小白"与"京东"联名款的包装设计，通过商品与知名电商企业推出联名款商品包装，能够有效提升商品的关注度，对于商品宣传具有非常有效的作用。

图 2-34 "江小白"与"京东"联名款包装设计

☆ 提示

包装设计与企业营销策略的综合考虑不是单一的，在不同的环境下可能用到一个甚至多个策略。只有根据实际情况，在设计构思时因地制宜和综合考虑，这样才能形成具有竞争力的包装设计策略体系，才能成功地指导商品的包装设计和促进市场营销。

2.5　设计易拉罐啤酒包装

本节设计制作一个啤酒产品的易拉罐包装，该啤酒易拉罐包装设计非常简洁，以黑色作为背景主色调，搭配白色的文字和少量图形，在设计中使用一个圆角矩形框来突出该啤酒产品的品牌名称表现，其他的产品信息文字内容以简洁、直观、整齐的排版设计为主，该易拉罐包装整体给人一种简洁、直观、大气的印象，最终效果如图 2-35 所示。

图 2-35　易拉罐啤酒包装最终效果

☆实战　设计易拉罐啤酒包装☆

微视频

源文件：第 2 章 \ 易拉罐啤酒包装 .psd　　视频：第 2 章 \2-5.mp4

Step01 打开 Photoshop，执行"文件 > 新建"命令，弹出"新建"对话框，进行相应的设置，如图 2-36 所示，单击"确定"按钮，新建空白文档。设置"前景色"为 CMYK（0,0,0,100），按快捷键 Alt+Delete，为画布填充前景色，从标尺中拖出相应的参考线，划分边距和不同内容间距，如图 2-37 所示。

素材

图 2-36　设置"新建"对话框　　　　　　图 2-37　填充颜色并拖出参考线

Step02 新建名称为"正面"的图层组，使用"圆角矩形工具"，在选项栏中设置"工具模式"为"形状","填充"为无,"描边"为白色,"描边宽度"为 10 像素,"半径"为 40 像素,如图 2-38 所示,在画布中绘制圆角矩形,如图 2-39 所示。

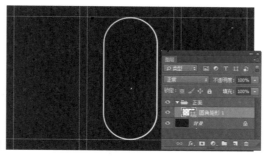

图 2-38　设置选项栏相关选项　　　　　　　　　图 2-39　绘制圆角矩形

Step03 打开并拖入素材图像 2601.tif,将其调整到合适的位置,如图 2-40 所示。使用"直排文字工具",在"字符"面板中对相关选项进行设置,在画布中单击并输入文字,如图 2-41 所示。

图 2-40　拖入素材图像　　　　　　　　　图 2-41　输入文字

Step04 使用"椭圆工具",在选项栏中设置"填充"为无,"描边"为无,在画布中按住 Shift 键拖动鼠标绘制一个正圆形路径,如图 2-42 所示。使用"横排文字工具",在"字符"面板中对相关选项进行设置,在刚绘制的正圆形路径上单击并输入路径文字,如图 2-43 所示。

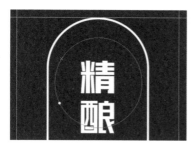

图 2-42　绘制正圆形路径　　　　　　　　　图 2-43　输入路径文字

Step 05 使用"矩形工具"，在选项栏中设置"填充"为白色，"描边"为无，在画布中绘制矩形，如图 2-44 所示。为该图层添加"渐变叠加"图层样式，对相关选项进行设置，如图 2-45 所示。

图 2-44　绘制矩形

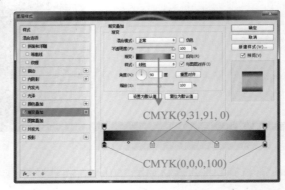

图 2-45　设置"渐变叠加"图层样式

Step 06 单击"确定"按钮，应用"渐变叠加"图层样式，效果如图 2-46 所示。为该图层添加图层蒙版，使用"矩形选框工具"，绘制矩形选项，为选区填充黑色，得到需要的图形，如图 2-47 所示。

图 2-46　应用图层样式效果

图 2-47　图形效果

Step 07 使用相同的制作方法，在画布中合适的位置分别输入相应的文字，如图 2-48 所示。在名称为"正面"的图层组上方新建名称为"侧面 1"的图层组，使用"横排文字工具"，在"字符"面板中对相关选项进行设置，在画布中绘制文本框并输入文字，如图 2-49 所示。

Step 08 使用"横排文字工具"，在刚输入的文字内容中选择部分文字，在"字符"面板中设置字体样式，效果如图 2-50 所示。使用相同的制作方法，可以完成该部分其他文字内容的输入，效果如图 2-51 所示。

图 2-48 输入文字

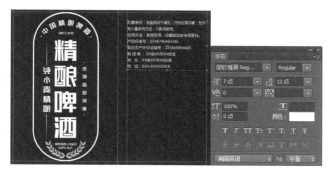

图 2-49 输入文字

图 2-50 设置文字样式

图 2-51 输入文字

Step 09 打开并拖入相应的素材图像，并分别调整到合适的位置，如图 2-52 所示。在名称为"侧面 1"的图层组上方新建名称为"侧面 2"的图层组，使用相同的制作方法，可以完成该部分内容的制作，效果如图 2-53 所示。

图 2-52 拖入素材图像

图 2-53 完成相似内容制作

Step 10 完成该易拉罐啤酒包装的设计制作，最终效果如图 2-54 所示。

图 2-54　易拉罐啤酒包装最终效果

2.6 本章小结

　　在开始对商品包装进行设计之前，首先需要清楚包装设计的流程和定位，只有明确的商品设计定位，才能够根据定位设计出合适的商品包装。完成本章内容的学习，读者能够了解商品包装设计的基本流程、商品包装定位的概念以及包装设计定位的方法，并能够在实际的包装设计中应用定位方法对商品包装进行准确定位。

第 3 章

包装的材质与造型

本章主要内容

在对商品进行包装设计之前，首先需要根据商品的特性选择合适的包装材料，了解各种材料的特性，有助于选择最适合商品保护要求的材料进行包装设计，从而达到保护商品的作用。并且特殊的包装造型设计也能够使商品包装脱颖而出。

在本章中主要向读者介绍了包装设计中常用的各种包装材料，以及常见的包装形式，还介绍了包装造型设计的相关知识，使读者对商品包装的材质和造型设计有更好的理解，便于在设计过程中选择合适的材质。

3.1　常见包装材质

包装材料是包装工业的基础，无论何种商品的包装都离不开纸、塑料、金属、布、木等一些可以运用的各种材料。对包装材料的研究和合理使用，是包装设计工作的一个重要组成部分。它不仅关系到产品包装质量，而且对于有效地利用资源、节约能耗、降低成本、保护环境都具有十分重要的意义。

▶ 3.1.1　纸材质

纸张由植物纤维、填料、胶料、色料等制成，纸质松软、极易切割、黏结；纸材质折叠性能强，既方便加工，又利于堆放，节约空间；纸的材质轻、规格统一、印刷清晰，容易达到印刷要求的质量。

按照国际标准化组织（IOS）的规定，原则上把定量小于 $225g/m^2$ 的纸称为纸张，定量大于 $225g/m^2$ 的纸称为纸板，只有极少数例外，我国也使用这个标准。

常用的包装用纸有以下几种。

1. 白纸板

白纸板有灰底和白底两种，质地坚固厚实、纸面平滑，具有较好的挺力强度、表面强度、耐折和印刷适应性，适用于做折叠包装盒，也可以用于制作吊牌、衬板及吸塑包装的底托。由于它的价格较低，用途广泛。如图 3-1 所示为使用白纸板作为包装材料的包装盒设计。

2. 铜版纸

铜版纸分为单面和双面两种。铜版纸主要采用木、棉纤维等高级原料精制而成。每平方米 30~300g，250g 以上称为白卡，纸面涂有一层白色颜料、黏合剂及各种辅助添加剂制成的涂料，经超级压光，纸面洁白、平滑度高、黏着力大、防水性强。油墨印上去后能透出光亮的白底，适用于多色套版印刷，印后色彩鲜艳、层次变化丰富、图形清晰，适用于印刷礼品盒和出口产品包装及吊牌。克重低的薄铜版纸适用于盒面纸、瓶贴、罐头贴和产品样本。如图 3-2 所示为使用铜版纸作为包装材料的包装盒设计。

3. 牛皮纸

牛皮纸本身的灰色赋予它朴实感，因此只要印上一套色，就能够表现出它的内在魅力。牛皮纸价格低廉、经济实惠，设计师都喜欢选用牛皮纸作为包装袋的材料。如图 3-3 所示为使用牛皮纸作为包装材料的包装设计。

图 3-1　白纸板材质的包装盒设计

图 3-2　铜版纸材质的包装盒设计

图 3-3　牛皮纸材质的包装设计

4. 胶版纸

胶版纸有单面与双面之分，含少量的棉花与木纤维，纸面洁白、光滑，但白度、紧密度、光滑度均低于铜版纸。胶版纸适用于单色凸印与胶印，如信纸、信封、产品使用说明书和标签等。在用于彩印的时候，会使印刷品暗淡失色。胶版纸可以印刷简单的图形文字后与黄板纸裱糊制盒，也可以使用机器制成密瓦楞纸，置于小盒内作为衬垫。

5. 艺术纸

艺术纸是一种表面带有各种凹凸花纹肌理的、色彩丰富的艺术纸张。艺术纸的加工工艺特殊，因此价格昂贵，一般只用于高档的礼品包装，由于其纸张表现的凹凸纹理，印刷时易造成油墨不实，不适用于彩色胶印。如图 3-4 所示为使用艺术纸作为包装材料的包装设计。

6. 再生纸

再生纸是一种绿色环保纸张，纸质疏松、价格低廉，由于再生纸具备这些优点，是今后包装用纸的主要方向。

7. 卡纸

卡纸有白卡纸和玻璃卡纸两种。白卡纸质地坚挺、洁白平滑，玻璃卡纸纸面富有光泽，其中有纹路的玻璃卡纸比较昂贵，多用于礼品盒、化妆品、酒盒、吊牌等高档产品包装。如图 3-5 所示为使用卡纸作为包装材料的包装设计。

图 3-4　艺术纸材质的包装设计

图 3-5　卡纸材质的包装设计

8. 油封纸

油封纸可以用在包装的内层，对易受潮变质的商品具有一定的防潮、防锈作用，常用于糖果、饼干外盒的外层保护纸，可使用蜡封口和开启。

9. 铝箔纸

铝箔纸常用于高档产品包装的内衬纸，可以通过凹凸印刷产生凹凸花纹，增加立体感和富丽感，同时起到防潮的作用。铝箔纸还具有特殊的防紫外线保护作用、耐高温、保护商品原味等优点，可以延长商品的寿命，铝箔还可以被制作成复合材料，广泛应用于新包装。

10. 瓦楞纸

瓦楞纸是通过瓦楞机加热，压有凹凸瓦楞形的纸，用途广泛，可以用作运输包装或者普通包装，瓦楞纸非常坚固且轻巧，能载重耐压，还可以防震、防潮，便于商品运输。如图 3-6 所示为使用瓦楞纸作为包装材料的包装设计。

图 3-6　瓦楞纸材质的包装设计

☆ 提示

瓦楞纸根据楞凹凸的大小，分为细瓦楞与粗瓦楞。一般凹凸深度为 3mm 的为细瓦楞，常直接用做玻璃器皿的档隔纸，起防震作用。凹凸深度为 5mm 左右的为粗瓦楞纸。根据质量的需要也可以裱成双层瓦楞（两层瓦楞中是一层黄纸板，上、下两层是牛皮纸或者是黄板纸）。

11. 黄板纸

黄板纸是以稻草浆为原料制成，其厚度为 1~3mm，具有较好的挺力强度，但表面粗糙，不能直接印刷，必须要有先印好的铜版纸或胶版纸裱糊在外面，才能得到装饰效果，多用于日记本、讲义本、文教用品的面壳、内衬和低档产品的包装盒。

12. 毛边纸

毛边纸纸质薄而松软，呈现淡淡的黄色，具有抗水性能和吸墨性能等，毛边纸只适合单面印刷，主要用于古装书籍的印刷。

▶ **3.1.2　塑料材质**

塑料的种类很多，是商品包装中常见的一种材料。通常根据塑料性能可以分为热性塑料和热固性塑料两类，前者受热软化，不能反复塑制，如酚醛塑料、氨基塑料等。塑料一般质轻、绝缘、耐腐蚀、经济、美观、易于成型加工，它的适应性强，可以根据产品需要，被制成形态、色彩、质感、厚度、软硬、透明程度不同的包装或容器，使制品具有艺术美感。如图 3-7 所示为塑料材质的包装设计。

图 3-7　塑料材质的包装设计

聚乙烯薄膜在包装行为中应用最为广泛，它可以制成极薄的包装膜，用于制作包装袋。这种薄膜包装袋抗撕裂强度高，同时具有高结晶度，故能防止所包装物品味道的损失。它也可以制作成收缩薄膜，对物品进行收缩包装等。此外，它的抗拉强度大，即使是很薄的薄膜依然具有很大的抗拉强度。如图 3-8 所示为使用聚乙烯薄膜作为材料的包装设计。

图 3-8　聚乙烯薄膜材质的包装设计

复合膜是由双层和三层以上的塑料复合制成的，包括气垫薄膜、复合软包装材料、BOPP复合膜、软件软包装、方便面盖等，其强度高、耐油性好、气密性好、化学稳定性高、加工性能好、耐光性好、抗静电性好，印刷性、黏合性都较好。因而用于食品、糖果、水产品、肉制品及医药品等防潮、保鲜包装。

▶ 3.1.3　金属材质

金属主要有铁皮、镀锡薄板、涂料铁、铝合金制品等，金属具有硬度高、牢固、抗压、不透气、防潮、防晒的特点。金属包装的历史悠久，是包装工业领域中重要的种类，主要为各种食品、油脂化工、日用化学、医疗卫生、文教用品等相关行业配套包装服务。如图3-9所示为金属材质的包装设计。

图 3-9　金属材质的包装设计

厚度在 0.02mm 左右的铝片称为铝箔，铝箔可以制成铝箔容器，铝箔容器在食品包装方面应用比较广泛，同时在医药、化妆品等领域的包装中应用也较多。铝箔的特点是质轻、外表美观、传热性能好，既可以高温加热又能够低温冷冻，能够承受温度的急剧变化，加工性能好。它还可以用于彩色印刷，开启方便，使用后易处理。

马口铁多用于罐头、饼干盒、茶叶听装等包装，具有美观、抗压、防震、防潮等特点，是商品销售理想的包装材料。如图3-10所示为马口铁材质的包装设计。

图 3-10　马口铁材质的包装设计

▶ 3.1.4　玻璃、陶瓷材质

玻璃表面平滑、坚硬、抗压、不透气、耐高温、光学性能和化学性能稳定，但易被碰碎，玻璃可以划分为单质玻璃、有机玻璃、无机玻璃。玻璃包装主要应用于饮料、酒类、食品、医药、化工等行业。如图 3-11 所示为玻璃材质的包装设计。

图 3-11 玻璃材质的包装设计

陶瓷是陶器、瓷器的总称，是我们传统的包装容器材料，易破损。陶器为多孔、不透明的非玻璃质，通常上釉，也有不上釉的。细密的瓷器质硬、半透明、发声清脆、无孔，主要用于酒类包装。如图 3-12 所示为陶瓷材质的包装设计。

图 3-12 陶瓷材质的包装设计

▶ 3.1.5 复合材质

复合包装材料是将两种或两种以上的材料复合在一起，相互取长补短，形成一种更加完美的包装材料。复合包装材料被大量地使用到现代包装设计当中，例如食品、茶叶、化妆品的包装等。生活中常见的一些水杯、快餐盒等就是采用轻便的复合材料制成的。

随着包装工业的不断发展，复合包装材料已经形成了一个大家族，新成员不断地涌现，新功能不断地被开发研制出来，环保型、可生物降解的材料也不断地被开发利用。常见的复合包装材料有以下几种类型。

1. 代替纸的包装材料

一种可以用来替代纸和纸板的材料，可以通过热加工成型工艺来压制出各种形状的容器，可以进行印刷和折叠。该包装材料比纸和纸板更结实、耐用，有较好的防潮性，可以热封合，稳定性强，易于印刷精美的装饰图案。

2. 防腐复合包装材料

可以用来解决有些金属制品的防腐问题，外表是一种包装用的牛皮纸，其中一层是涂蜡牛皮纸，通过加进防腐剂，在金属表面沉积形成一层看不见的薄膜，在任何条件下都可以保护内容物，防止其腐蚀。

3. 耐油复合包装材料

由双层复合膜组成，外层是具有特殊结构和性质的高密度聚乙烯薄膜，里层是半透明的塑料，具有薄而坚固的特点，无毒、无味，可以直接接触食品。该包装材料不渗透油脂，不会黏着，应用很广，用它包装肉类，可以保持肉类原有的色、香、味。

4. 防蛀复合包装材料

一种将防虫蛀的胶黏剂用在食品包装材料上而成的复合包装材料，它可以使被包装食品长期保存，不生蛀虫，但这种胶黏剂有毒，不可直接用于食品包装。

5. 特殊复合包装材料

一种特有的食品包装材料，可以使食品的保存期增加数倍。该包装材料无毒，是由明胶、马铃薯淀粉及食用盐等材料复合而成，可用于储存蔬菜、水果、干酪和鸡蛋等。

6. 易降解的复合包装材料

在新形势下开发出来的一种环保复合材料，可以生物降解，不造成污染，是今后材料发展的趋势。该包装材料是利用树木或其他植物混合而成的生物材料，质地轻脆，安全地替代了其他包装材料。如图 3-13 所示为易降解的复合材质的包装设计。

图 3-13　易降解复合材质的包装设计

▶ 3.1.6　自然材质和仿自然材质

自然材料是包装材料的起源，是一种最原始的材料形式，同时也是最为环保的包装材料之一。在强调绿色设计和绿色包装的今天，自然材料及仿自然材料的包装形式越来越受到消费者的推崇和欢迎，如木、竹、草、叶等自然材料及仿自然材料，通常用于地方特色较浓的产品包装，给人以自然、质朴的感觉。如图 3-14 所示为自然材质的包装设计。

图 3-14 自然材质的包装设计

3.2 常见包装形式

在包装容器造型中，除了纸盒包装占据一部分之外，仍然有许多其他材料的包装容器，如玻璃、塑料、金属、陶瓷、木材、竹子等，它们各自都有独特的特性，由于功能不同，形态也不相同，一般可以分为袋、箱、盒、瓶、罐、筒等多种形式。

▶ 3.2.1 包装袋

包装袋用于运输包装、商业包装、内装、外装，在商品包装中使用广泛，包装袋一般可以分为以下几种。

1. 集装袋

这是一种大容积的运输包装袋，盛装质量在 1 吨以上。集装袋的顶部一般装有金属吊架或吊环等，便于铲车或起重机的吊装、搬运，卸货时可以打开袋底的卸货孔，即行卸货。

2. 一般运输包装袋

这类包装袋的盛装质量是 20~30kg，大部分是由植物纤维或合成树脂纤维纺织而成的织物袋，或者由几层韧性材料构成的多层材料包装袋，例如麻袋、草袋等。

3. 小型包装袋（或称普通商品包装袋）

这类包装袋盛装质量较轻，通常由单层材料或双层材料制成，对某些具有特殊要求的包装袋也有使用多层不同材料复合而成的。这种包装袋的适用范围较广，液体、粉状、块状或异形等都可以采用这种包装。

上述 3 种包装袋中，集装袋适用于运输包装；一般运输包装袋适用于外包装及运输包装；小型包装袋适用于内装、个装和商业包装。通常情况下，我们所设计的商品包装主要是商品的商业包装，也就是单个商品包装，如图 3-15 所示为商品的商业包装设计。

图 3-15　商品的商业包装设计

▶ 3.2.2　包装盒

包装盒介于刚性包装和柔性包装之间，包装材料有一定韧性且不易变形，有较高的抗压强度，刚性高于袋装材料。包装结构是规则几何形立方体，也可以裁制成其他形状，如圆盒状、尖角状等，一般容量较小，有开闭装置。

由于包装盒整体强度不大，包装量也不大，不适合做运输包装，而适合做商业包装、内包装，且适合包装块状及各种异形物品。如图 3-16 所示为商品的包装盒设计。

图 3-16　商品的包装盒设计

▶ 3.2.3　包装箱

包装箱是刚性包装技术中的重要一类，包装材料为刚性或半刚性，有较高强度且不易变形，包装结构和包装盒相同，只是容积、外形都大于包装盒。由于包装箱整体强度较高，抗变形能力强且包装量较大，适合做运输包装、外包装，主要用于固体杂货包装。包装箱主要有以下几种。

1. 瓦楞纸箱

瓦楞纸箱通常作为运输包装，其特点是轻便、抗震、成本低、便于回收。如图 3-17 所示为瓦楞纸箱设计。

2. 木箱

木箱主要用于大型机器、贵重物品的包装，其特点是防震、抗压，随着人们环保意识的增强，木材的使用逐渐减少，木材包装也逐渐被其他材料所替代。如图 3-18 所示为木箱设计。

图 3-17　瓦楞纸箱包装

图 3-18　木箱包装

3. 塑料箱

塑料箱一般用做小型运输包装容器，其优点是：自重轻、耐蚀性好、整体性强，强度和耐用性能满足反复使用的要求，可以制成多种色彩从而对装载物进行分类，手握搬运方便。如图 3-19 所示为塑料箱设计。

4. 集装箱

集装箱是由钢材或铝材制作成的大容积物流装运设备，从包装角度来看，它可以归属运输包装的大型包装箱类别之中，也是可以反复使用的周转型包装。如图 3-20 所示为集装箱设计。

图 3-19　塑料箱包装

图 3-20　集装箱包装

▶ 3.2.4　包装瓶

包装瓶按其使用的材料不同有刚性、韧性之分，刚性瓶挺拔、质感好，但易碎，例如玻璃瓶、陶瓷瓶，韧性瓶多为塑料瓶，在受到外力时可以发生一定程度变形。包装瓶结构是瓶颈口径小于瓶身，且在瓶颈顶部开口，包装瓶包装量一般不大，主要用于液体、粉状物的商业包装、内包装。

包装瓶按外形可以分为圆瓶、方瓶、高瓶、矮瓶、异形瓶等多种，瓶口与

瓶盖的封盖方式有螺纹式、凸耳式、齿冠式、包封式等。如图 3-21 所示为包装瓶设计。

图 3-21　包装瓶设计

▶ 3.2.5　包装罐（筒）

　　包装罐（筒）是刚性包装的一种，罐（筒）身各处横截面形状大致相同，罐（筒）颈短，罐（筒）颈内径比罐（筒）身内径稍小或无罐（筒）颈。包装材料强度较高，罐（筒）体抗变形能力强，可以用做运输包装、外包装，也可以用作商业包装、内包装。如图 3-22 所示为包装罐（筒）设计。

图 3-22　包装罐（筒）设计

▶ 3.2.6　购物袋

　　购物袋设计有手提功能，要求强度高，须统一印刷，一般使用牛皮纸制成，在提手外设有加强筋，也可以采用铜版纸（涂布胶版印刷纸）制成，经彩印装饰之后美观大方，可以反复多次使用。如图 3-23 所示为购物袋设计。

图 3-23　购物袋设计

3.3　包装造型设计原则

　　包装造型设计是一门空间立体艺术，造型的概念不是单纯的外形设计，它涉及包装材料的选择、工艺制作等因素，是一种题名为广泛的设计与创造活动。包装造型设计中表现最为突出的是容器造型设计，设计者在进行具体设计时，应该根据具体商品的特征、要求进行合理的、合目的性的设计，并在制作工艺可行性和解决包装功能性的基础上，运用形体语言来表达商品的特征及包装的美感。

▶ 3.3.1　符合商品特性

　　包装容器所盛装的商品，其形态有液体、气体、固体、粉状、颗粒等，其特性有怕挤压或不怕挤压、易挥发或不易挥发等，容器的包装设计材料也具有不同特性，坚硬的、柔软的、易碎的、不易碎的、防水的、不防水的、透明的、不透明的等。

　　不同的商品有着不同的形态与特征，对于包装设计材料和造型的要求也不尽相同，针对这些要求，需要分别采用不同材料、形状、特点的包装容器。例如具有腐蚀性的商品就不宜使用塑料包装容器，而最好使用性质稳定的玻璃、陶瓷容器；有些商品不宜受光线照射，就应该采用不透光或透光性差的材料；再如啤酒、碳酸饮料等商品具有较强的膨胀气体压力，因此容器应该采用圆柱体外形，有利于膨胀力的均匀分散。如图 3-24 所示为不同类型的商品采用了不同的包装造型设计。

图 3-24　不同类型的商品具有不同的包装造型设计

此外，还要考虑包装材料的印刷性与装饰性、加工条件、材料来源、价格、生产加工费用、商品档次、材料与内装物价值是否相称等因素。

▶ 3.3.2 符合使用便利性

携带和开启方便的包装设计要比很难开启的包装设计更受消费者的青睐，而符合使用的便利性是建立在设计者对商品特点、使用情况的充分了解的基础上。如化妆品中的香水瓶，每次用量较少，所以多数都是小瓶口。日用化学品、食品等的容器造型设计根据使用情况及容量的不同，对整体造型的处理也不同，应该分别根据商品的特点，使容器在消费者携带和使用过程中充分地体现出便利性。如图 3-25 所示为携带和开启方便的包装造型设计。

图 3-25　携带和开启方便的包装造型设计

▶ 3.3.3 兼顾视觉与触觉美感

包装容器造型的形态与艺术个性是吸引消费者的重要因素。人们对包装容器造型设计的要求已经超出物质需要的范围，很多包装容器以美感需求为第一出发点，以此来满足人们的心理需求，如高档的化妆品容器等。包装容器的大小要符合人体尺度和审美要求，材料要符合功能与性质需要，触觉要舒适，使用要方便，要符合使用者的心理及心理需求等。如图 3-26 所示为具有艺术性的包装造型设计。

图 3-26　具有艺术性的包装造型设计

▶ 3.3.4　加工工艺可行性

作为设计者，应该了解不同包装材料的特性及加工工艺特点，使设计符合批量生产的工艺加工制作要求，符合模具开模、出模的方便和合理性，避免一些好的包装造型无法生产或成本增加。例如，护发系列商品与香水的包装容器的整体造型以几何形体为主，前者简洁、流畅、圆润，后者棱角分明，分别体现了不同的设计风格，其造型特征也分别符合塑料与玻璃的加工工艺性。如图 3-27 所示为洗护用品与香水的包装造型设计。

图 3-27　洗护用品与香水的包装造型设计

▶ 3.3.5　便于商品运输与存储

包装容器的造型结构要科学，尽量合理地压缩包装容器的体积，这样既可以节省材料，又可以减少运输、仓储空间，减少费用支出。在考虑单体包装设计的储存和工艺造型美感的基础上，还要充分考虑装箱和批量运输的方便性。如图 3-28 所示为便于商品运输的包装造型设计。

图 3-28　便于商品运输的包装造型设计

▶ 3.3.6　符合生态与环保要求

近几年来，绿色包装设计、生态包装设计已经成为各国包装设计界共同追求的目标，考虑回收再利用及废弃物处理、减少对环境的污染是人们关注的焦点，也是今后包装设计发展的重大课题。包装容器需要从材料、造型上考虑回收的方便，销毁的便利及对环境不造成物理、化学等方面的污染、破坏，如废弃易拉罐压扁后回收，纸箱、纸盒折叠后回收。如图 3-29 所示为符合生态环保要求的包装造型设计。

图 3-29　符合生态环保的包装造型设计

3.4　设计巧克力食品包装盒

包装盒的设计应该简洁、大方、美观，不需要运用过于复杂的图像来构成包装盒，这样只会显得凌乱，运用简单的图形和色彩的表现，更能够体现出包装的精美和产品的档次。本案例所设计的巧克力包装盒使用红色作为主色调，给人热情、欢快的印象，在包装盒上应用曲线图形设计，表现出巧克力食品所带来的柔滑感受，整体表现直观、优美，最终效果如图 3-30 所示。

图 3-30　最终效果

微视频

☆实战　设计巧克力食品包装盒☆

源文件：第 3 章 \ 巧克力食品包装盒 .psd　　视频：第 3 章 \3-4.mp4

素材

Step01 打开 Photoshop，执行"文件 > 新建"命令，弹出"新建"对话框，进行相应的设置，如图 3-31 所示，单击"确定"按钮，新建空白文档。设置"前景色"为 CMYK(21,97,92,0)，按快捷键 Alt+Delete，为画布填充前景色，如图 3-32 所示。

图 3-31 设置"新建"对话框

图 3-32 为画布填充前景色

Step 02 按快捷键 Ctrl+R，显示文档标尺，根据包装盒展开各个面的尺寸拖出相应的参考线，定位包装盒各个面的尺寸大小和位置，如图 3-33 所示。新建名称为"正面"的图层组，使用"矩形工具"，在选项栏中设置"填充"为白色，"描边"为无，在画布中合适的位置绘制一个矩形，如图 3-34 所示。

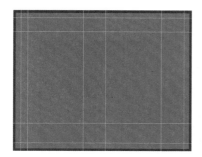

图 3-33 拖出参考线

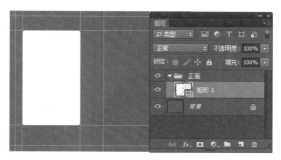

图 3-34 绘制矩形

Step 03 打开并拖入素材图像 3401.tif，调整到合适的位置，如图 3-35 所示。选择该图层，执行"图层 > 创建剪贴蒙版"命令，将该图层创建剪贴蒙版，效果如图 3-36 所示。

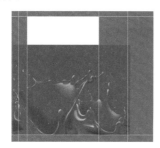

图 3-35 拖入素材图像

图 3-36 创建剪贴蒙版

Step 04 使用"钢笔工具"，在选项栏上设置"工具模式"为"形状"，"填充"为白色，"描边"为无，在画布中绘制形状图形，如图 3-37 所示。打开并拖入素材图像 3402.tif，执行"图层 > 创建剪贴蒙版"命令，将该图层创建剪贴蒙版，效果如图 3-38 所示。

图 3-37　绘制形状图形

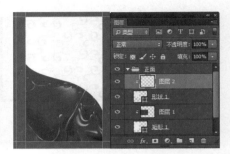

图 3-38　拖入素材并创建剪贴蒙版

Step 05 打开并拖入素材图像 3403.tif，调整到合适的位置，如图 3-39 所示。使用相同的制作方法，拖入其他素材图像，并分别调整到合适的位置，如图 3-40 所示。

图 3-39　拖入素材图像

图 3-40　拖入其他素材图像

Step 06 同时选中"图层 3""图层 3 拷贝"和"图层 4"3 个图层，按快捷键 Ctrl+G，编组并重命名为"产品"，如图 3-41 所示。为该图层组添加"描边"图层样式，在弹出的对话框中对相关选项进行设置，如图 3-42 所示。

图 3-41　图层编组

图 3-42　设置"描边"图层样式

Step07 继续添加"投影"图层样式，对相关选项进行设置，如图 3-43 所示。单击"确定"按钮，完成"图层样式"对话框的设置，效果如图 3-44 所示。

 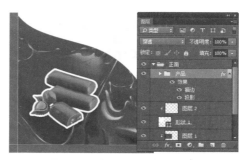

图 3-43 设置"投影"图层样式　　　　图 3-44 应用图层样式的效果

Step08 使用"横排文字工具"，在"字符"面板中对相关选项进行设置，在画布中单击并输入文字，如图 3-45 所示。使用"横排文字工具"，选择相应的字母，在"字符"面板中设置其"字体大小"选项，如图 3-46 所示。

图 3-45 输入文字　　　　　　　　　图 3-46 修改字体大小

Step09 为该文字图层添加"描边"图层样式，在弹出的对话框中对相关选项进行设置，如图 3-47 所示。继续添加"斜面和浮雕"图层样式，对相关选项进行设置，如图 3-48 所示。

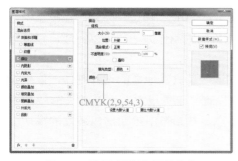 

图 3-47 设置"描边"图层样式　　　　图 3-48 设置"斜面和浮雕"图层样式

Step 10 单击"确定"按钮，完成"图层样式"对话框的设置，对文字进行适当的旋转，效果如图 3-49 所示。使用"横排文字工具"，在"字符"面板中对相关选项进行设置，在画布中单击并输入文字，如图 3-50 所示。

图 3-49　应用图层样式的效果

图 3-50　输入文字

Step 11 使用相同的制作方法，可以为该文字应用"描边"和"斜面和浮雕"图层样式，效果如图 3-51 所示。使用相同的制作方法，可以完成其他内容的制作，效果如图 3-52 所示。

图 3-51　应用图层样式

图 3-52　输入其他文字

Step 12 在"正面"图层组上方新建名称为"侧面"的图层组，使用"矩形工具"，在选项栏中设置"填充"为 CMYK(21,97,92,0)，"描边"为无，在画布中合适的位置绘制一个矩形，如图 3-53 所示。使用相同的制作方法，可以完成该包装盒侧面内容的制作，效果如图 3-54 所示。

Step 13 使用相同的制作方法，可以完成该包装盒其他面的设计制作，效果如图 3-55 所示。使用"钢笔工具"，在选项栏中设置"工具模式"为"形状"，"填充"为无，"描边"为黑色，"描边宽度"为 0.1 点，在画布中绘制出包装盒的模切路径轮廓，如图 3-56 所示。

Step 14 完成该巧克力食品包装盒的设计制作，最终效果如图 3-57 所示。

图 3-53　绘制矩形　　　　　　　　图 3-54　完成侧面内容制作

图 3-55　制作出包装盒其他面　　　　图 3-56　绘制模切路径轮廓

图 3-57　最终效果

3.5　本章小结

　　在对商品包装进行设计之前，首先需要对包装的常用材质和包装容器有所了解，在本章中向读者介绍了常用的包装材质特点、各种常见的包装容器造型，另外还讲解了包装容器造型设计的原则，从而使读者对包装的材质与造型有更深入的了解，便于在商品包装设计中选择正确的包装材料和设计出色的包装容器造型。

第4章

包装的结构与印刷工艺

本章主要内容

纸盒包装是我们常见的一种商品包装类型，多种多样的纸盒包装造型就决定了具有不同的纸盒包装结构，而了解包装结构是包装设计中非常重要的知识。除此之外，在将设计好的商品包装印刷为包装成品时，合理的应用印刷工艺能够有效提升商品包装的档次感。

在本章中主要向读者介绍纸盒包装结构和印刷工艺的相关知识，包括纸盒包装设计的要点、纸盒包装技术与结构设计、包装印刷的主要类型和常见印刷工艺，使读者对纸盒包装结构和印刷工艺有更深入的理解和认识。

4.1　纸盒包装结构概述

纸盒包装是指以纸为主要材料的包装制品，如纸盒、纸袋、纸箱、纸筒、纸罐及各种纸浆膜塑制品等，以及近年来出现的纸杯、纸盘、纸碗、纸瓶等日常用品。

▶ 4.1.1　纸盒包装设计的基本概念和发展状况

纸盒结构包装是日常生活中最为常见的包装，大多数纸盒包装如食品、药品、日用品等都采用折叠纸盒包装。它的特点是在成型过程中，盒盖和盒底都需要摇翼折叠组装固定或封口，而且大多为单体结构，在盒子侧面有粘口，纸盒基本为四边形，也可以在此基础上拓展为多边形。如图 4-1 所示为一款药品的纸盒包装设计，包括其纸盒包装展开图和纸盒包装成品效果图。

图 4-1　纸盒包装展开及成品效果图

纸盒包装的结构设计是保护商品、促进销售的重要环节，紧跟时代的发展，利用最新的材料技术，创造适应社会需求的完美设计是纸盒包装结构设计的基本出发点。在众多的商品包装中，纸盒作为常用包装样式不仅有着悠久的历史，而且占有相当大的比重。

纸盒作为基本包装样式之所以有如此大的发展潜力，是因为它有着其他材料无法比拟的性能，可以满足各类商品的要求，例如便于废弃与再生的性能，印刷加工性能，遮光保护性能，以及良好的生产性能和复合加工性能。社会的发展，新产品的繁荣，对纸盒包装结构形态不断提出新的要求。如图 4-2 所示为一款运动鞋的包装盒设计，其独特的造型结构设计，使得商品包装表现更加独特。

图 4-2　运动鞋包装盒设计

▶ 4.1.2 纸盒包装设计的基本特性

纸盒是包装立体造型体现的重要方面，作为设计师所要解决的主要问题是纸盒形态与结构的关系，特色的外观及生产、销售的合理性，符合印刷工艺的要求，保护商品、便利运输、使用方便等。

1. 保护性

包装结构设计首先要考虑的问题就是保护商品，保护性是纸盒包装结构设计的关键，根据不同商品的不同特点，设计应该分别从内衬、排列、外形等方面考虑，特别是对于易破坏的特殊商品。如图4-3所示为具有商品包装功能的纸盒包装设计。

2. 方便性

纸盒包装结构设计要便于生产、储存、携带、使用、运输和陈列展销。

3. 合理性

大批量生产的包装要考虑加工工艺与生产设备的配套，大批量生产的方便等问题。

4. 变化性

纸盒包装造型结构外形的变化非常重要，包装的外形有变化就会给人新颖感和美感，刺激消费者的购买欲望。

5. 科学性

科学合理的纸盒容器要求用料少而容量大，重量轻而抗力强，成本低而功能全，这是纸盒包装设计中的基本原则。

一个好的纸盒包装结构设计必须满足以上五个特性，不然即使纸盒包装结构设计得再巧妙，也是不合格的纸盒包装结构设计。如图4-4所示为一款结构巧妙的坚果纸盒包装设计。

图4-3　具有商品保护功能的纸盒包装设计　　　图4-4　结构巧妙的坚果纸盒包装设计

▶ 4.1.3 纸盒包装结构设计要点

1. 包装形态与结构设计的关系

设计表现方面，目前大多数设计师热衷于使用计算机绘制设计效果图，而不重视设计草图与模型工艺的分析与研究。虽然从效果上看，计算机绘制表现的色彩与光影优于手工绘制的草图，包装形态在一定层面上看起来具有良好的视觉效果，但是，由于自身基础与动手能力的薄弱，最终导致许多包装设计作品"有形态，无结构"，结构不合理，设计表现经不起推敲。因此在进行包装形态的设计过程中，要充分考虑包装结构与形态的结合。

如图 4-5 所示为一款灯泡产品的纸盒包装设计，充分考虑对商品的保护功能以及方便用户拿取商品，采用了创新的斜开口方式，既保护了商品也方便从包装盒中拿取商品。

图 4-5　灯泡纸盒包装设计

2. 包装功能与结构设计的关系

目前大多数商品的包装一味追求造型结构的别样与烦琐、材料的特殊与奇特、印刷工艺的奢侈与华丽，而往往忽视了包装的最基本功能，导致包装的哗众取宠，缺乏起码的实用功能，造成较为严重的资源浪费。因此在包装结构设计过程中应该立足于包装的功能性。

如图 4-6 所示为一款鸡蛋产品的包装盒设计，充分考虑了鸡蛋易碎的特点，所以在包装结构上为产品提供了保护，并且为包装盒设计了提手，方便消费者提拿。

3. 包装结构设计的技术与艺术问题

在进行包装结构设计的过程中，经常为达到完美的视觉效果，体现包装自身的艺术特征，往往会受到来自技术方面的制约，使得包装的结构形态无法与设计师的理想初衷达到一致，因而我们必须在限制中实现技术与艺术的高度统一、合理融合的最佳状态。如图4-7 所示为富有创意的纸盒包装结构设计。

图 4-6　鸡蛋纸盒包装设计

图 4-7　富有创意的纸盒包装结构设计

4.2 纸盒包装技术与结构设计

纸盒包装的基本造型是在一张纸上，通过折叠、模切、拼插或黏合而使其表现为各种形态。纸盒包装已经广泛地应用于食品、医药、日用品、文教用品、化妆品、工艺品、电子产品、仪表、工具器材等较多商品的包装，且随着强化、压光覆膜等技术的进一步发展，纸盒包装的使用范围将会不断扩大。

▶ 4.2.1 纸盒包装技术

1. 内部结构的包装

内部结构需要根据商品的大小以及商品的特性进行设计，如果商品属于易碎物品，那么纸盒的内部就需要加厚加宽，留出多余的空间进行再一步的设计，可以装入海绵等柔软的物品，也可以是纸盒的内部凸出一些，这样在受挤压的情况下可以使商品有一个缓冲的空间。如图 4-8 所示为一款酒类产品的纸盒包装结构设计。

图 4-8　酒类产品的纸盒包装结构设计

2. 外部包装

外部包装主要注重设计，需要根据商品设计出一套独特的方案，让消费者一目了然，让商品独特之处尽收眼底，不用拆开包装，就能知道商品的全部。如图 4-9 所示为精美的商品纸盒外部包装设计。

图 4-9　精美的商品纸盒外部包装设计

3. 纸盒的处理

纸盒的处理很简单，但是很重要，处理恰到好处，可以提高商品的档次，纸的选用也很重要，可以根据商品的不同进行不同的处理。

▶ 4.2.2　折叠纸盒结构设计

1. 折叠纸盒的盒盖设计

• 摇盖插入式

摇盖插入式的盒盖有 3 个摇盖部分，主盖有伸长出来的插舌，以便插入盒体起封闭作用。在设计时应该注意摇盖的咬合关系。如图 4-10 所示为摇盖插入式的纸盒结构设计。

• 锁口式

锁口式的这种纸盒结构通过正、背两个面的摇盖相互产生插接锁合，使封口比较牢固，但组装和开启比较麻烦。如图 4-11 所示为锁口式的纸盒结构设计。

图 4-10　摇盖插入式的纸盒结构设计　　　　图 4-11　锁口式的纸盒结构设计

• 插锁式

插锁式是插接与锁合相结合的一种方式，纸盒结构比摇盖插入式更为牢固。如图 4-12 所示为插锁式的纸盒结构设计。

• 双保险式

双盖双保险插入式结构使摇盖受到双重的咬合，非常牢固，而且摇盖与盖舌的咬合可以省去，便于重复开启和使用。如图 4-13 所示为双保险式的纸盒结构设计。

图 4-12　插锁式的纸盒结构设计　　　　图 4-13　双保险式的纸盒结构设计

• 粘合封口式

粘合封口式结构的封闭性较好，适合自动化机器生产，但不能重复开启。主要适合于包装粉状、粒状的商品，如洗衣粉、谷类食品等。如图4-14所示为粘合封口式的纸盒结构设计。

• 连续摇翼窝进式

连续摇翼窝进式结构锁合方式造型优美，极具装饰性，但手工组装和开启比较麻烦，适用于礼品包装。如图4-15所示为连续摇翼窝进式的纸盒结构设计。

• 弹性封口式

利用纸张的弹性制作纸盒时，把盒子的边缘做弧线处理，这样既可以获得美观的外形，又能够使盒子成型方便。例如麦当劳的食品包装盒，盒子分成两部分，上下之间利用纸张的弹性，可以拉起来也可以按下，增加了纸盒包装的趣味性。如图4-16所示为弹性封口式的纸盒结构设计。

• 一次性防伪式

一次性防伪式结构的特点是利用齿状裁切线，在消费者开启包装的同时，使包装结构得到破坏，防止有人再次利用包装进行仿冒活动。如图4-17所示为一次性防伪式的纸盒结构设计。

图4-14　粘合封口式的纸盒结构设计　　图4-15　连续摇翼窝进式的纸盒结构设计

图4-16　弹性封口式的纸盒结构设计　　图4-17　一次性防伪式的纸盒结构设计

• 压力式

压力式结构是将摇盖设计成弧形，利用纸在折叠过程中产生的压力，使纸的摇盖部分环环相扣，互相压制成形而成。这种包装成型复杂，组合并不十分牢固，一般商品礼盒的外包装。如图4-18所示为压力式的纸盒结构设计。

图 4-18 压力式的纸盒结构设计

2. 折叠纸盒的盒底结构

• 别插式锁底

别插式锁底结构是利用方形纸盒的盒底部的 4 个摇翼部分，通过设计而使它们产生相互咬合的关系，这种咬合通过"别"与"插"两个步骤来完成，其组装简便，有一定的承重力，应用较为普遍。如图 4-19 所示为别插式锁底的纸盒结构设计。

• 自动锁底

自动锁底结构采用了预粘的方法，但粘接后仍然能够压平，使用时只需要撑开盒体，盒底就会自动恢复到缩合状态，使用极为方便，省事省工，并具有一定的承重力，适合于自动化生产。如图 4-20 所示为自动锁底的纸盒结构设计。

图 4-19 别插式锁底的纸盒结构设计　　　　图 4-20 自动锁底的纸盒结构设计

• 间壁封底式

间壁封底式结构是将常规方式结构纸盒的 4 个摇翼设计成具有间隔能力的结构，组装后在盒体内部会形成间壁，从而有效地分隔固定商品，起到良好的保护作用。其间壁与盒身为一体，可有效地节约成本，而且纸盒抗压性较高。如图 4-21 所示为间壁封底式的纸盒结构设计。

图 4-21 间壁封底式的纸盒结构设计

▶ **4.2.3 其他纸盒结构设计**

1. 盘式纸盒结构设计

盘式纸盒结构是由纸板四周进行咬合、折叠、插接或粘合而成型的纸盒结构。这种结构一般盒底没有什么变化，变化主要在盒身部分。盘式纸盒一般高度较小，开启后展示面积较大，多用于包装纺织品、服装、鞋帽等。如图 4-22 所示为盘式纸盒的结构设计。

2. 手提式纸盒结构设计

手提式纸盒的使用材料一般为小瓦楞裱铜版纸，制作时附有摇盖，可紧扣，便于手提，盒子成型后底部粘牢，可向内弯曲折叠，减少堆放体积。形状有长、扁等，多用于食品饮料类、酒类、小家电等商品的纸盒包装结构设计。如图 4-23 所示为手提式纸盒的结构设计。

图 4-22　盘式纸盒结构设计　　　　图 4-23　手提式纸盒结构设计

3. 抽屉式纸盒结构设计

抽屉式纸盒的盒体多为扁方形，类似火柴盒，盒子的两端都够开启，多用于文教用品的包装。如图 4-24 所示为抽屉式纸盒的结构设计。

4. 书本式纸盒结构设计

纸盒开启的形式像一本精装图书，摇盖通常没有插接咬合，而是通过附件来完成固定，多用于录像带、巧克力包装等。如图 4-25 所示为书本式纸盒的结构设计。

图 4-24　抽屉式纸盒结构设计　　　　图 4-25　书本式纸盒结构设计

5. 手提袋结构设计

手提袋在今天的商品销售中普遍使用，它不仅使消费者便于携带商品，而且其本身就是一个流动性的广告宣传媒体。目前市场上以塑料、纸质的手提袋为主。如图 4-26 所示为手提袋的结构设计。

6. 特殊纸盒结构设计

特殊纸盒主要包括：异形纸盒结构设计、拟态象形结构设计、开窗式结构设计、易开式结构设计、侧出口式结构设计等。如图 4-27 所示为特殊纸盒结构设计。

图 4-26　手提袋结构设计

图 4-27　特殊纸盒结构设计

4.3　包装印刷的主要类型

印刷是表现包装设计最基本的加工工艺，而不同的印刷方法又有着不同的特点。印刷的种类比较比，目前纸张印刷常用的方法有凸版印刷、凹版印刷、平版印刷、丝网印刷等，另外还有特种印刷工艺，使包装印刷品不断地推陈出新。

▶ 4.3.1　凸版印刷

在凸版印刷中，印刷版面上的印纹凸出，上墨时自然地比空白部分优先接触油墨，非印纹凹下的通称为凸版刷。

原理：由于印刷版面上印纹凸出，当油墨辊滚过时，凸出的印纹沾有油墨，而非印纹的凹下部分则没有油墨。

优点：凸版印刷是历史最悠久的印刷方法，我国古代雕版印刷，活字印刷术就是凸版印刷。

缺点：由于其中大量使用金属板材，制版过程相对复杂，周期长，难与平版印、凹版刷、柔性版印刷竞争。

适应面：凸版印刷最适合以色块、线条为主的一般包装，如瓶贴、盒贴、吊牌和纸盒等，也可以印制塑料膜。

如图 4-28 所示为凸版印刷的效果。

图 4-28　凸版印刷效果

▶ 4.3.2　凹版印刷

凹版印刷与凸版印刷相反，印版上的印纹凹陷于版面之下，而非凸起，要印的颜色越暗，凹陷越深。

原理：油墨辊滚在版面上以后，自然满入凹陷的印纹之中，随后将平滑表面上的非印纹部分油墨刮擦干净，只留下凹陷印纹中的油墨。

优点：凹版印刷使用的压力较大，印刷品的墨色厚实，表现力强，层次丰富，色泽鲜艳，印量大。

缺点：制版过程复杂，小批量印刷不合适。

适应面：凹版印刷适合多种类型纸张的印刷，也可以印塑料薄膜、金属箔等。

如图 4-29 所示为凹版印刷的效果。

图 4-29　凹版印刷效果

▶ 4.3.3　平版印刷

平版印刷是许多种印刷方式中最常见的一种，我们所设计的画册、海报、杂志、书刊、包装等，大多数都是采用平版胶印。其印纹和非印纹几乎在一个平面上，利用水油不相溶的原理，使印纹保持油质，而非印纹部分则经过水辊吸收了水分。

原理：油质的印纹沾上了油墨，吸收了水分的非印纹则不沾油墨，油墨转印到纸张而成。

优点：平版印刷是由早期的"石版印"发展而来，后改用金属锌或铝作版材，也称柯式印刷法。其印刷品吸墨均匀，色彩丰富，色调柔和。

缺点：平版印刷的油墨稀薄，光亮度也稍差，不适合批量小的印刷品。

适应面：广泛用于色彩照片，写实为主的包装印刷，能够充分表达景物的质感和空间感，铁盒也多使用平版印刷。

如图4-30所示为平版印刷的效果。

图4-30 平版印刷效果

▶ 4.3.4 丝网印刷

丝网印刷也称为孔版印刷，它是将蚕丝、尼龙、聚酯纤维或金属丝制成丝网，绷在木制或金属制的网框上，使其张紧固定，再在其上涂布感光胶，经曝光、显影，使丝网上的图文部分成为通透的网孔，非图文部分的网孔被感光胶封闭。

原理：印刷时将油墨倒在印版一端，使用刮墨板在丝网印版上的油墨部位施加一定的压力，同时向丝网的另一端移动，油墨在刮板挤压下从丝网通孔中漏至承印物上，完成一色的印刷。

优点：丝网印刷油墨浓厚，色调鲜艳，可以承印各种材质印刷物，如纸、布、铁皮、塑料薄膜、金属片、玻璃等，也可以在立体和曲面上印刷，如盒、箱、罐、瓶。

缺点：丝网印刷的缺点是印刷速度慢、产量低，不适用于大指量印刷。

如图4-31所示为丝网印刷的效果。

图4-31 丝网印刷效果

☆ 提示

印刷时采用不同的纸张会使颜色出现意想不到的偏差。同样的白色纸张，由于冷暖程度的偏差，也会影响到印刷色彩的变化。特别是对于有色艺术纸的应用，更需要谨慎。另外，不同的纸张表现对油墨的吸收不同，质地疏松的纸张会更吸墨，印后会有色彩的暗淡感。空间的湿度也会对纸张产生影响。设计时要考虑如何运用纸张的特性来增强设计效果，在油墨接触纸面的时候，创造性才能真正地体现出来。

4.4 印刷的要素与流程

前面已经向读者介绍了包装印刷的 4 种常见的印刷方式，在本节中将向读者介绍印刷的五大要素以及印刷的工艺流程，使读者对印刷品的设计制作过程有更加深入的认识和理解。

▶ 4.4.1 印刷的要素

要完成印刷品的制作，必须具备原稿、印版、承印物、油墨和印刷机械，我们称这几个方面为印刷的五大要素。

1. 原稿

原稿是印刷的对象，是印前设计工作的基础。现在随着计算机技术在印刷专业中的应用，印刷的原稿呈现多样化的形式。按原稿内容表达形式分类，可以分为文字原稿和图像原稿；按原稿所用载体是否透明，可以分为透射原稿和反射原稿；按原稿的颜色种类，可以分为彩色原稿和黑白原稿。

数字原稿是指以光、电、磁性材料作为载体的用于印刷的数字形式原稿，这一类原稿的主要特点是在使用时不需要数字化。

2. 印版

印版是用于传递油墨或色料至承印物上的印刷图文载体。印版上吸附油墨的部分为印刷部分，也称为图文部分；不吸附油墨的部分为空白部分，也称为非图文部分。

印版依印刷部分和空白部分的相对位置的高低和结构不同，可以分为凸版、平版、凹版、孔版和柔版。印刷部分高于空白部分，且在同一平面上的印版称为凸版；印刷部分低于空白部分的印版称为凹版；印刷部分与空白部分几乎在同一平面的印版称为平版；印刷部分为细小的孔洞状态，印刷时在压力的作用下，油墨可透过印版转印到下面的承印物上的印版称为孔版。柔性版印刷目前被归类为凸版印刷的一种。

3. 承印物

承印物是接受油墨或其他粘附色料后能形成所需印刷品的各种材料。最常用的承印物是纸，随着科学技术的发展和人们文化生活需求的增多，印刷承印物的种类不断扩大，多种纤维物、塑料、木板、金属、玻璃、皮革等都可以作为印刷的承印物。

4. 油墨

油墨是在印刷过程中被转移到纸张或其他承印物上形成耐久的有色图像的物质。由于不同的印刷工艺方法和印刷产品对油墨所应具有的性能要求不同，故油墨可以分为凸版油墨、平版油墨、凹版油墨和孔版油墨。

按油墨干燥方式可以分为：渗透干燥油墨、挥发干燥油墨、氧化结膜油墨、冷却固化油墨、吸湿沉淀油墨和热固型油墨等。

按油墨的色泽与用途可以分为：印刷油墨、磁性油墨、荧光油墨和金属粉印刷油墨等。

5. 印刷机械

印刷机械可以分为凸版、平版、凹版、孔版和特种印刷机 5 大类，每一类中又可以按照结构、印刷幅面、色数、面数等分成不同型号的印刷机，如四色印刷机、全开印刷机等。印刷机一般由输纸、输墨、定位控制、印版和压印滚筒、收纸等几个部分组成。

▷ 4.4.2 印刷工艺流程

从设计稿到印刷成品，无论使用哪种印刷方式，都必须由设计原稿经过制版、印刷、印后加工等步骤，其工艺流程如图 4-32 所示。

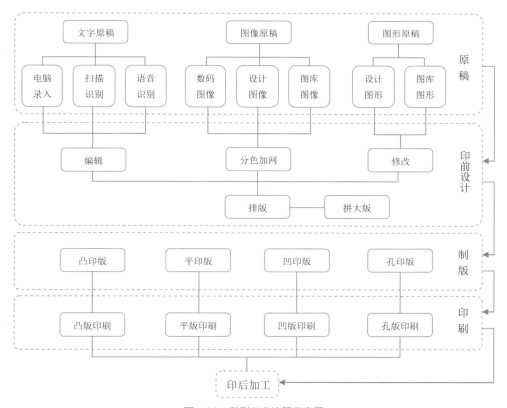

图 4-32 印刷工艺流程示意图

根据以上印刷工艺流程，其操作主要有以下几个步骤。

1. 原稿分析

在开始设计制作印刷作品之前，为了获得较好的印刷效果，必须对原稿进行细致的分析，应该选择高质量的原稿，对于原稿中不足的地方，如图像的偏色等，需要在印刷之前进行校正。

2. 原稿输入

不同类型的原稿有不同的输入方式。文字原稿，可以使用手工输入，一般在文字编辑软件中进行。图形可以采用在电脑中绘制的方法输入。图像原稿的输入主要有两种方式：扫描仪输入和数码相机输入，还可以购买图片库。由于印刷对图像质量要求较高，一般都是采用专业设备来获取原稿。

3. 图文信息处理

文字处理要根据要求对文字进行编辑处理，例如不同级别的标题应该选用合适的字体、字号、行距，以及设计版式等。图像的处理主要包括对图像颜色的校正，色调层次的调整，还有清晰度的调整，或者是为了某些特殊的要求进行特效效果的处理等。

4. 排版

完成图像和文字的处理后，应该根据设计的印刷品的版面，将图像和文字合理地安排在页面中，这就是排版，一般在排版软件中完成，常用的排版软件有InDesign、Illustrator、Page Maker 等。

5. 出样书或版样

排好版之后，可以出样书或版样以便客户对设计作品的内容和页面版式进行第一次的校正。

6. 拼大版

排版获得了最小的页面单元，是小版面，例如书籍的一个页面，一个海报版面等，考虑到印刷机器幅面的需要，应该拼成大版以适应印刷机器版面的要求。例如将书籍的几个页面拼成一个对开大版，使用对开印刷机进行印刷。

拼大版后，为了避免输出菲林出错而浪费时间和金钱，必须进行一次全面的版面检查，可以将印刷品输出为 PDF 格式，然后在 Adobe Acrobat 中进行检查，或者利用数码样进行校对。

7. 输出菲林

菲林又称为胶片，输出菲林时，一般需要根据情况设置一些参数，如：菲林是阴像还是阳像，网点形状，线数等。

8. 制版

把记录在菲林上的图文信息经照相的方法制作成印版，这一过程即为制版。制版要根据所采用的印刷方式而选用相应的制版方法和工艺，在印版上形成具有一定印刷特性的图文要素。

9. 打样

制好的印版要经过打样，以检查版面的文字、颜色、图片和图形等要素有没有错误。同时，也可以看出作品印后的色彩和层次是否符合要求。

10. 印刷

印刷是通过油墨将印版上的图文信息转移到承印物上的过程。由于各种印刷方式特点各异，所以其应用方式也不相同。

11. 印后加工

印刷完成后，需要对印刷品进行装订工艺和表现处理工艺，可以对印刷品进行上光、覆膜、压凹凸等工艺。它们可以提高印刷品表现耐光、耐水、耐热、耐折等性能，同时也可以增加印刷品表面的光泽，起到保护印刷品和美化印刷品的作用。

4.5　常见包装印刷工艺

包装的印刷工艺是在印刷物上进行的效果处理，可以有效地提高印刷成品的美观程度和包装的功能，商品包装常用的印刷工艺主要有以下几种，印金（银）、烫印、凹凸压印、上光与上蜡、覆膜等。

▶ 4.5.1　印金（银）

以金色或银色油墨作为印刷材料的加工工艺来印金、印银。要注意的是，金色和银色油墨属于特种油墨，耐磨性弱、黏着性差、不耐脏，轻微的触碰都有可能留下指纹和划痕，见光时间长会发生变色。如果在包装盒上大面积使用金色或银色油墨进行印刷时，必须覆膜或加胶来保护印刷品。如图 4-33 所示为在商品包装盒上印金、印银的效果。

图 4-33　在商品包装盒上印金、印银的效果

▷ 4.5.2 烫印

传统的烫印俗称"烫金""烫银"，是用灼热的金属模板将金箔、银箔按在承印物表面，使它们牢牢的结合，如图 4-34 所示为烫金机。最常见烫印效果就是在精装书的封面上烫金、烫银，烫出的金银比印出的金银更光亮，而且常常有压痕的效果。如图 4-35 所示为礼品包装盒上的局部烫金处理工艺。

图 4-34　烫金机　　　　　　　图 4-35　礼品包装盒上的局部烫金处理工艺

传统的金箔、银箔都是纯金、纯银，成本高，现在，廉价的电化铝已基本上取代它们用于烫印，而且效果更好。

电化铝除了有传统金、银箔的光泽外，还有丰富的色彩和肌理，富丽堂皇，流光溢彩，如图 4-36 所示，甚至可以在各种底色上做出类似于皮革、纺织品、木材的凹凸纹路，它装饰印刷品的效果实际上已经超过了传统的烫金和烫银，如图 4-37 所示。而且电化铝可以和各种各样的材料结合，在书籍封面、请柬、证书、贺卡、烟酒包装、各种玻璃器皿、家用电器、建筑装饰用品、文化用品、礼品、服装、鞋帽、箱包、车辆上常常可以看到电化铝。

图 4-36　电化铝材料　　　　　　图 4-37　电化铝装饰效果

电化铝有整版烫印的，也有局部烫印的，如果是局部烫印，就需要金属模板，模板上有凹凸，凸起部分就是要烫印的图案形状。对设计师来说，需要为电化铝烫印提供图样，或者出一张胶片供印刷厂制版参考，这实际上是一种专色制作方法，而且是专色中比较简单的。

☆ 提示

这种材料之所以被叫作电化铝，是因为它的复合膜中有一层铝，而这层铝是由在电阻丝的高温下汽化的铝凝结而成的，这种蒸镀工艺比传统的金属箔更节约金属原料，并且可以呈现丰富的颜色和肌理。

4.5.3　局部 UV

UV 是 Ultraviolet（紫外线）的缩写，在印刷业中它专指一系列可以在紫外线照射下固化的特种油墨。这些油墨往往有特殊的光泽和肌理，有镜面油墨、磨砂油墨、发泡油墨、皱纹油墨、锤纹油墨、彩砂油墨、雪花油墨、冰花油墨、珠光油墨、水晶油墨、镭射油墨等，印刷品上点缀这些油墨可以突出关键的文字和图案，可以活跃版面，丰富表现质感，这称为局部 UV。如图 4-38 所示为局部 UV 工艺在商品包装中的应用。

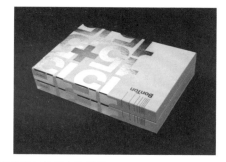

图 4-38　UV 工艺在商品包装中的应用

现代包装设计就常常使用局部 UV，此外它在礼品、广告、挂历、塑料制品上也得到了广泛应用。UV 油墨实际上是一种专色，无论它怎样绚丽，设计师只需要按照一般的专色制作方法为它出一张胶片，印刷厂即可依样制版，并在四色印刷之后将这种油墨印在所需要的位置。

4.5.4　上光和压光

在印刷品表面涂一层无色透明的特种油墨，叫上光，这种透明的油墨叫上光油，它干燥后在印刷品表面形成了一层均匀的薄膜，改善印刷品的光泽，保护色层不磨损、不受潮发霉、不易沾脏。大多数上光油让印刷品更光亮，也有一些上光油可产生毛玻璃那样的特殊效果。如图 4-39 所示为上光工艺在商品包装中的应用。

图 4-39　上光工艺在商品包装设计中的应用

　　压光是上光的进一步操作，是在上光油干燥后用不锈钢滚筒压出镜面般的光泽，比单纯的上光还要光亮。

　　上光和压光是在印完四色之后，在起凸、折叠、裁切、模切压痕等工艺之前进行的，因为上光油必须与印刷色紧密的结合，没有任何气泡、砂眼和缝隙，而且非常均匀的涂布。印刷业又常常将上光和压光简称为 UV，因为常用的上光油是采用紫外线固化的，相对于局部 UV 而言，这是整体 UV。比如一个手提袋，它如果要上光的话不仅在图文部分上光，而且在所有部分包括向内折叠的白边上也是上光的，所以它印完四色之后首先上光，然后再模切、折叠、粘贴成形。

　　在海报、宣传页、日历、明信片、扑克牌等印刷品上也常常进行上光和压光处理，另外在硬纸材料上烫金、烫银或进行电化铝烫印后，也可涂一层上光油来防止箔层脱落。不过上光的膜层不像局部 UV 那么厚，它通常用于比较平滑的表面，比如铜版纸、卡纸适合上光，表面粗糙的纸却会把上光油吸掉，除非反复上光，不过特种纸通常都不会采用上光处理，因为上光油的光泽会冲淡特种纸本身肌理的魅力。

　　上光油有时会让印刷品的颜色发生变化，因为它对油墨有一定的溶解作用。人物图像对此尤其敏感，上光以后，鲜艳的颜色可能会变灰，深色可能会变浅，而人们对肤色的变化是很挑剔的，所以这种画面最好使用覆膜来代替上光。

☆ 提示

　　上光和压光后的印刷品会变脆，如果这种印刷品需要折叠，就要小心了。厚纸本来就容易折裂，再上光、压光，就更难折了。书的封面要折，纸盒要折，手提袋要折，如果它们是用 200 克／平方米以上的厚纸来做的，还是覆膜会比较好。

　　上光油可以是手工喷刷的，也可以是机械涂布的。机械的方式分两种，一种是用印刷机把上光油当成一种专色来印刷（在四色和其他的专色印完之后），另一种是用专用的上光机来涂布。因为上光油是整版涂布的，所以设计师不需要专门为它做文件，只要对印刷厂提出要求就行了。

▶ 4.5.5 覆膜

在纸制印刷品表面裱一层透明的塑料薄膜，就是覆膜。具体来说，像书籍的封面、纸盒的外表面这些容易磨损的部位，如果需要保护膜，就在印刷之后，折叠和裁切之前给它裱一层，这层膜必须很透明，有很好的韧性，质地均匀，没有砂眼气泡，表面很平整，它通常是聚丙烯材料做成的。保护膜上还预涂了热塑性高分子黏合剂以便和纸张结合，印刷厂用热压滚筒把它牢牢地贴在纸上。这样一来，纸制印刷品的表面有了更好的光泽，质地更厚实，而且印在上面的颜色受到了保护，覆膜后纸张会变得柔韧耐折。

如何检查纸制品，哪些仅仅是纸？哪些是上过光的？哪些是覆过膜的？把它们对着光看就可以看出来。上光的东西很少，既不用上光也不用覆膜的东西最多，比如信封、信纸、打印纸、笔记本和书籍内页、票据、报纸、名片、广告、促销宣传单、纯净水纸杯、鞋盒、装家用电器的大纸箱等。一些使用特种纸做的书籍封面也没有膜，因为特种纸需要让人感受它的肌理，不过这样就很容易留下手印，但是当今的铜版纸封面一般都要覆膜，高档的纸盒和手提袋、产品说明书和企业宣传画册的封面、挂历等也要覆膜。膜有两种，一种是光亮如镜的，称为光膜或亮膜，如图 4-40 所示。另一种是不太反光的，称为哑膜，如图 4-41 所示。

图 4-40 覆光膜的手提袋效果

图 4-41 覆哑膜的商品包装设计

☆ 提示

"光膜"是透明的，对于墨色几乎没有影响，但它的反光有时不太讨人喜欢，比如手提袋覆了光膜以后会亮闪闪的，装了东西后稍有变形就会显得很软、很低档，挂历也不适合覆光膜，因为它干扰了视线，不过在精装书封面、硬纸盒等平整的表面上，光亮如镜的效果还是不错的。"哑膜"的质感厚实稳重，一般认为它比光膜高档，它的价格也贵一些，但它像上光油一样会影响墨色，非常挑剔的颜色，比如人物的肤色、稍微偏一些都不可以的企业标准色，是不宜使用哑膜的。

▶ 4.5.6 起凸和压凹

在该印的颜色印完之后，在上光或覆膜也做完之后，如果印刷品的某些部分需要浮雕效果，就进行凹凸压印，这是一种类似于盖钢印的工艺，如图 4-42 所示为起凸机，它有一个凹的模具和一个凸的模具，如图 4-43 所示。它们的凹凸面是榫合的，把它们垫在纸的两面，对齐、加压，必要时还要加热，这样就可以使图样在纸上凸起来。

图 4-42   图 4-43

起凸的图样需要由设计师提供，印刷厂的工人根据它来腐蚀金属版，做出凹的模具，再往里灌石膏或高分子材料，做成凸的模具。设计师提供图样最好的办法就是出一张胶片，这张胶片是和四色胶片同时出的，上面的规线和四色胶片的规线完全对齐，起凸的部位被填充成黑色，当把它和四色胶片重叠在一起的时候，图样恰好落在它应该落的位置，比如四色胶片上有一行大字，这些大字应该起凸，那么起凸片上就有相同的一行黑字。这实际上是一种专色手法，假如把起凸的胶片制成 PS 版，完全可以拿来做局部 UV。如图 4-44 所示为起凸和压凹工艺在商品包装设计中的应用。

对品牌Logo进行
起凸工艺处理

对局部文字进行压
凹和烫银工艺处理

图 4-44   起凸和压凹工艺在商品包装设计中的应用

☆ 提示

和局部 UV 比起来，起凸不像局部 UV 那么精确，局部 UV 可以用很小的字，起凸却只能用于大字、粗线条和简单图案，这一点读者要注意。

就起凸的表面而言，可以达到两种效果。

（1）单层凸效：就像钢印一样，简单的凸起，各处凸起一样高，大块的凸起是平坦的。

（2）多层凸效：凸中有凸，或者像真正的浮雕一样呈复杂的曲面。

起凸处与图文的结合方式可以有以下 5 种。

（1）严套：起凸区域的边缘和中间的每一个细节都与图文套准。

（2）套边：起凸区域的一部分与图文套准，但中间不太受限制。

（3）交套：起凸区域的一部分与图文套准，而另一部分完全是自由的。

（4）松套：起凸区域完全是独立的图案，不必与任何图文套准。

（5）素凸：起凸区域在印刷品的空白处，没有压住任何图文。

4.6　设计酒类商品包装

　　酒水饮料类与人们的生活紧密相连，这种包装设计不需多么精美，但一定要给人口感纯正的感觉，刺激购买者的胃口，使人们有想要饮用的欲望。本案例所设计的酒类商品包装是一款蓝莓口味酒类的包装，在设计中使用与蓝莓色彩相近的深蓝色作为主色调，给人纯天然、口感淳朴的印象，最终效果如图 4-45 所示。

图 4-45　酒类商品包装的最终效果

☆实战　设计酒类商品包装☆

源文件：第 4 章 \ 酒类商品包装 .psd　　视频：第 4 章 \4-6.mp4

微视频

Step01 打开 Photoshop，执行"文件 > 新建"命令，弹出"新建"对话框，进行相应的设置，如图 4-46 所示，单击"确定"按钮，新建空白文档。按快捷键 Ctrl+R，显示文档标尺，从标尺中拖出参考线，定位四边的粗线，如图 4-47 所示。

素材

图 4-46　设置"新建"对话框

图 4-47　拖出参考线

Step 02 新建"图层 1"，使用"渐变工具"，单击选项栏上的渐变预览条，弹出"渐变编辑器"对话框，设置渐变颜色，如图 4-48 所示。单击"确定"按钮，完成渐变颜色的设置，选项栏上设置渐变类型为"径向渐变"，在画布中拖动鼠标填充径向渐变，效果如图 4-49 所示。

图 4-48　设置渐变颜色

图 4-49　填充径向渐变

Step 03 打开并拖入素材图像 4601.tif，将其调整到合适的大小和位置，如图 4-50 所示。设置该图层的"混合模式"为"线性加深"，"不透明度"为 75%，效果如图 4-51 所示。

Step 04 打开并拖入素材图像 4602.tif，将其调整到合适的位置，复制该素材图像，将复制得到的图像水平翻转，并调整至合适的位置，如图 4-52 所示。使用"椭圆工具"，在选项栏中设置"填充"为 CMYK(33,47,92,0)，"描边"为无，在画布中按住 Shift 键拖动鼠标绘制一个正圆形，如图 4-53 所示。

Step 05 同时选中"椭圆 1""图层 3 拷贝"和"图层 3"，按快捷键 Ctrl+G，编组得到"组 1"图层组，如图 4-54 所示。为"组 1"图层组添加"投影"图层样式，在弹出的对话框中对相关选项进行设置，如图 4-55 所示。

图 4-50 拖入素材图像

图 4-51 图像效果

图 4-52 拖入素材图像并复制

图 4-53 绘制正圆形

图 4-54 图层编组

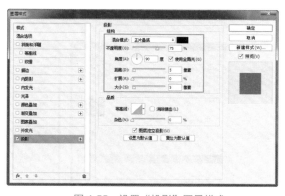

图 4-55 设置"投影"图层样式

Step06 单击"确定"按钮，完成"图层样式"对话框的设置，效果如图 4-56 所示。新建图层，使用"钢笔工具"，在选项栏中设置"工具模式"为"路径"，在画布中绘制曲线路径，如图 4-57 所示。

Step07 按快捷键 Ctrl+Enter，将路径转换为选区，为选区填充黑色，取消选区，将该图层调整至"组 1"图层组下方，如图 4-58 所示。使用"椭圆工具"，在选项栏中设置"填充"为白色，"描边"为无，按住 Shift 键在画布中绘制一个正圆形，如图 4-59 所示。

图 4-56　应用"投影"图层样式效果

图 4-57　绘制曲线路径

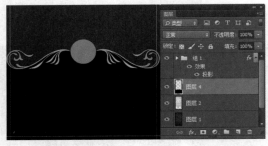

图 4-58　图像效果

图 4-59　绘制正圆形

Step08 为该图层添加"渐变叠加"图层样式，在弹出的对话框中对相关选项进行设置，如图 4-60 所示。继续添加"投影"图层样式，对相关选项进行设置，如图 4-61 所示。

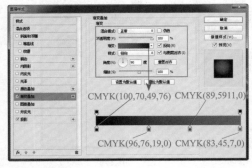

图 4-60　设置"渐变叠加"图层样式

图 4-61　设置"投影"图层样式

Step09 单击"确定"按钮，完成"图层样式"对话框的设置，效果如图 4-62 所示。新建图层，使用"椭圆工具"，在选项栏中设置"填充"为白色，"描边"为无，在画布中绘制一个椭圆形，如图 4-63 所示。

Step10 对刚绘制的椭圆形进行旋转并调整至合适的位置，为该图层添加图层蒙版，在图层蒙版中填充黑白线性渐变，并设置该图层的"不透明度"为 70%，效果如图 4-64 所示。使用"横排文字工具",在"字符"面板中进行设置,在画布中合适的位置单击并输入文字,如图 4-65 所示。

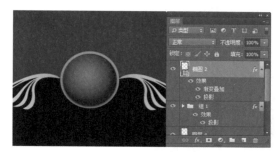

图 4-62 应用图层样式的效果

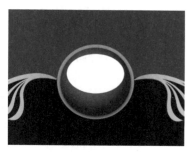

图 4-63 绘制椭圆形

图 4-64 图像效果

图 4-65 输入文字

Step 11 使用相同的制作方法,在画布中输入相应的文字,如图 4-66 所示。拖入其他素材图像,并分别调整至合适的大小和位置,如图 4-67 所示。

图 4-66 输入文字

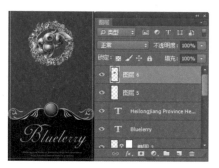

图 4-67 拖入素材图像

Step 12 使用相同的制作方法,可以完成其他内容的制作,最终完成该酒类包装的设计制作,效果如图 4-68 所示。

图 4-68　酒类商品包装的最终效果

4.7　本章小结

　　无论是包装结构还是印刷工艺，看似与商品包装设计并没有多大的关系，但是作为一名合格的设计师，必须要清楚地理解包装结构，这样才能够在包装设计过程中正确的表现纸盒包装的各个不同的面，而合理的应用印刷工艺，则可以使商品包装的成品表现更加出色。通过本章内容的学习，读者需要能够理解纸盒包装结构的设计与表现，并且了解常见的印刷分类和常见印刷工艺。

第5章

包装的视觉元素设计

本章主要内容

　　包装的视觉元素设计是指依附于包装表面上的平面设计，它根据产品特征、消费习惯以及消费环境等方面对包装进行外表面上的视觉形象设计，其中主要包括了色彩、图形、文字、版式等。通过这些元素的合理组织使得产品的包装在更具审美价值的同时，还向消费者传达出更多的产品信息。

　　本章向读者介绍商品包装中各种视觉元素的设计和表现方法，从而使读者能够更好地掌握包装设计。

5.1 色彩设计

色彩在包装设计中是最敏感的视觉传达要素。在色彩的运用中，首先需要考虑目标商品的内容与属性，综合色彩对人产生的心理反应，色彩所表达的情感与象征以及社会因素等方面内容，从而突出商品的特点。

商品包装设计中的色彩效果，对商品销售具有决定性的作用，成功的色彩应用，能够给消费者留下极深刻的第一视觉印象，从而促使消费者产生购买的欲望。

▶ **5.1.1 色彩的基本表现**

色彩具有象征性，能够使人产生联想，一种是具体事物的联想，另一种是抽象概念的联想。例如红色可以联想到太阳、火焰等具体事物，也可以联想到热烈、喜庆等抽象概念。色彩具有感情特征，能使人产生感情上的共鸣。

色彩是表现商品整体形象的最鲜明、最敏感的视觉要素。包装设计通过色彩的象征和感情特征来表现商品的各类特征，如轻重、软硬、冷暖、华丽、高雅等。色彩的表现关键在于色调的确定，色调是色相、明度、纯度3个基本要素构成的，通过它们形成了6种基本的色调。

- 暖色调：以暖色相为主，能够给人带来热烈、兴奋、温暖等感受。
- 冷色调：以冷色相为主，能够给人带来平静、安稳、清凉等感受。
- 明色调：以高明度色彩为主，能够给人带来明快、柔和、透亮等感受。
- 暗色调：以低明度色彩为主，能够给人带来厚重、稳健、朴素等感受。
- 鲜艳色调：以高纯度色彩为主，能够给人带来活跃、艳丽、朝气等感受。
- 灰色调：以低纯度色彩和无彩色为主，能够给人带来镇静、温和、细腻等感受。

在以上6个基本色调的基础上，再通过各种组合与变化，就可以产生表现各种情感的不同色调。

图5-1所示是食品包装设计。很多食品都使用暖色调进行搭配，因为暖色调能够给人热情、愉悦的感受。

图 5-1　暖色调配色的商品包装设计

如图 5-2 所示是一款纯净水的包装设计，采用极简的设计风格，使用浅蓝色的瓶身搭配纯白色的品牌文字，冷色调配色能够给人带来一种纯净、清爽的印象。

图 5-2　暖色调配色的商品包装设计

如图 5-3 所示是几种果饮料产品的包装设计，使用了高纯度鲜艳的色彩进行配色，使得商品包装带给消费者一种活跃、开心、欢乐的氛围。

图 5-3　鲜艳色调配色的商品包装设计

▶ 5.1.2　包装设计中色彩的功能

包装色彩具有单纯、夸张、浪漫实用、装饰等视觉特点，与商品结合还可以产生某种内在的联系性，使不同类别的商品有所区别，因此包装色彩还具有一定的心理暗示性。作为包装设计者，需要系统地掌握色彩基本理论，利用色彩的这些特性，通过色彩的对比协调来烘托气氛，增强商品冲击力以刺激商品的销售，借此展示包装的促销功能。

包装设计中色彩的功能主要表现在以下几个方面。

1. 提高识别性

（1）差别化定位，要多做市场调查，寻求色彩定位的差异化，选择与众不同的色彩效果。

（2）群组化定位，在货架上一件商品所占的面积极为有限，一个品牌的商品包装为了扩大视觉效果，可以根据产品的不同功能、口味等，设计成群组化的包装组合形式，而采用不同的色彩进行区分，以此强化色彩的功能性，如图 5-4 所示。

（3）利用品牌化、系列化的形式，形成色彩的群组化势力，如化妆品，系列化品牌的产品使用同一色系、不同的造型特色来体现一个系列化的色彩，如图 5-5 所示。

图 5-4　群组化商品包装配色

图 5-5　同一系列化妆品包装配色

2. 体现商品特色

（1）体现内装商品的形象色。这是直接体现内容物色彩特点的用色，一般用于内容物色彩特点浓郁、鲜明的包装，例如果汁饮料包装、咖啡包装等，如图 5-6 所示。

图 5-6　体现内装商品特色的包装色彩设计

（2）体现商品的象征色。在不同种类的商品包装中，能够体现商品的特点、功能、类别的抽象色彩或色调就称为象征色，例如女性用品多使用柔和、淡雅、温馨的色彩，如图 5-7 所示。

图 5-7　柔和、淡雅的女性用品包装配色

▶ 5.1.3　包装设计中色彩的消费心理

1. 色彩设计要适应不同消费群体的心理特点

（1）针对不同年龄消费者的不同色彩爱好设计商品包装的色彩。例如，儿童和年轻人大多喜欢色彩鲜艳、活泼的商品包装设计，如图 5-8 所示；而中老年人则更喜欢稳重、大气的商品包装配色，如图 5-9 所示。

图 5-8　儿童和年轻人所喜欢的包装配色

图 5-9　中老年人所喜欢的包装配色

（2）根据不同性别消费群体的心理特点设计商品包装的色彩。男性一般喜欢冷色调，如各种蓝色调、灰色调、淡色调等，如图 5-10 所示；而女性一般喜欢暖色调、亮色调，如图 5-11 所示。

图 5-10　男性所喜欢的包装配色

图 5-11　女性所喜欢的包装配色

（3）根据不同教育水平消费群体的心理特点设计商品包装的色彩。

2. 色彩设计与不同民族、文化、宗教信仰、地域特点的消费心理

各个国家、民族由于社会、政治、经济、文化等的不同，对色彩也有着各种截然不同的喜好和认同。包装设计时应该根据不同的消费对象选择不同的商品包装色彩。

在设计包装色彩时，应该充分了解不同性别、年龄、文化群体的色彩心理，洞察不同地区的色彩文化特征，使之与民族文化、宗教信仰、对象群体的特征相吻合，这对商品销售能起到至关重要的促进作用。

在中国传统文化中，红色象征热情、喜庆，在节日中总是喜欢使用红色与黄色相配色，通过这种配色方式表现出喜庆、欢乐的氛围。如图 5-12 所示为具有中国传统文化特色的婚庆礼品包装设计。

图 5-12　中国传统婚庆礼品包装配色

▶ 5.1.4　包装设计的色彩搭配技巧

在对包装色彩进行设计时应该注意以下几点：一是色彩与包装物的呼应关系，二是色彩与色彩本身的对比关系。这两点是包装色彩设计的关键所在。

1. 根据商品属性选择色彩

色彩与包装物的呼应关系主要是通过外在的包装色彩揭示或者映照内在的包装物品，使人一看外包装就能够基本上感知或者联想到内在的包装物品为何物。

（1）从行业上讲，食品类包装的主色调多为鹅黄、粉红，给人温暖和亲近之感，如图5-13所示。当然，茶类包装也有很多使用绿色，饮料类包装也有很多使用绿色和蓝色，酒类、糕点类也有很多使用大红色。日用化妆品类包装的主色调多以玫瑰色、粉白色、淡绿色、浅蓝色、深咖啡色为主，以突出温馨、典雅的情致，如图5-14所示。服装、鞋帽类包装的主色调多以深绿色、深蓝色、咖啡色或灰色为主，以突出沉稳、典雅的美感，如图5-15所示。

图5-13　食口类包装配色

图5-14　日用化妆品包装配色

图5-15　服装鞋帽包装配色

（2）从性能特征上讲，单就食品而言，蛋糕、点心类包装多使用金色、浅黄色，以给人香味袭人的印象，如图5-16所示；茶类包装多使用红色或绿色，象征着茶的浓郁与芳香，如图5-17所示；番茄汁、苹果汁多使用红色，集中表明该商品的自然属性，如图5-18所示。

图5-16　蛋糕点心类包装配色

图 5-17　茶类包装配色　　　　　　　　　　图 5-18　果汁类包装配色

尽管有些包装从主色调上看不像上面所说的那样使用商品属性相近的颜色，但是在商品的外包装的画面中必定有象征色块、色点、色线或以该颜色突出的集中内容的点睛之笔。

2. 对比配色

色彩之间的对比关系是在很多商品包装设计中最容易表现却又非常不易把握的事情。在中国书法与绘画中流行这么一句话，叫"密不透风，疏可跑马"，实际上说的就是一种对比关系，表现在包装设计中，这种对比的关系非常明显，也非常常见。所谓对比，一般都有以下几个方面，即色彩的明度对比、色彩的纯度对比、色彩的色相对比、色彩的冷暖对比、色彩的面积大小对比等。

如图 5-19 所示为某品牌健康饮品的包装设计，"原味"的产品使用纯白色包装搭配黑色瓶盖，在瓶身印有品牌名称以及少量的说明文字，黑色与白色的搭配显示非常简约、经典；"可可"味的产品则使用了咖啡色与纯白色对比配色的瓶身设计，"花蜜"味的产品使用红色与纯白色对比配色的瓶身设计，通过色彩对比设计，很好地体现了产品的不同口味，也有效打破了黑色与白色搭配的单调。

图 5-19　健康饮品包装配色设计

如图 5-20 所示为某食品不同口味系列包装设计，不同口味使用了不同的主色调进行区分，形成不同口味包装之间的色相对比，而每个包装盒上的品牌搭配了黑色圆形背景，形成与包装盒背景之间的对比，有效突出品牌的表现。

图 5-20　系列食品包装配色

5.2 图形设计

包装设计中的图形元素具有直观性、有效性、生动性的丰富表现力，是构成包装视觉形象的主要部分。在激烈的市场环境竞争中，商品除了具有功能上的实用和品质上的精美的特点外，其外包装更应该具有对消费者的吸引力和说明性，凭借图形的视觉影响效果，将商品的内容和相关信息传达给消费者，从而促进商品的销售。

▷ 5.2.1　图形的分类

图形作为包装设计的要素之一，具有强烈的感染力和直截了当的表达效果，在现代商品的激烈竞争中扮演着重要的角色。图形作为包装设计的语言，就是要把商品形象的内在、外在的构成因素表现出来，以视觉形象的形式把信息传达给消费者。

图形设计的内容范围很广，按其性质可以分为以下几种。

1. 商品形象

商品形象包括商品的直接形象和间接形象。

直接形象是指商品自身的形象。如图 5-21 所示是一组水果罐头的系列包装设计，在产品的外包装上除了纸质密封条上的产品基本信息之外，主体采用了全透明的玻璃瓶，瓶中水果本身的形状一览无余，非常直观。

图 5-21　使用直接形象的商品包装设计

间接形象是指商品使用的原料的形象。如图 5-22 所示是某品牌植物蛋白饮料的包装设计，包装瓶采用对比配色，在瓶身上搭配该植物蛋白饮料的原材料图形，给消费者带来非常直观的印象，视觉效果简洁、突出。

图 5-22　使用间接形象的商品包装设计

2. 人物形象

人物（动物）形象是以商品的使用对象为诉求点的图形表现，例如形象代言人或者该品牌产品的卡通形象等。如图 5-23 所示为某坚果零食品牌的商品包装设计。

该品牌的商品包装无论采用什么形式，其包装图形设计中总会出现该品牌的卡通形象，从而加深了消费者对品牌的印象，并且卡通形象也使商品包装的视觉表现效果更富有趣味性。

3. 说明形象

说明形象是以图文并茂的方式给消费者更清晰、生动的注解。如图 5-24 所示为某牛奶产品的包装设计，仿奶牛造型的玻璃瓶包装容器，搭配类似奶牛的斑点花纹设计，使商品包装的表现非常形象，使用绿色的图形设计则为了突出表现产品的自然与新鲜。

图 5-23　使用卡通形象的商品包装设计　　　图 5-24　使用说明形象的商品包装设计

4. 装饰形象

为了让商品包装产生强烈的形式感，通常选择使用抽象或具有吉祥寓意的图形作为包装的装饰，从而增强商品包装的感染力。如图 5-25 所示为某品牌薄荷糖的包装设计，使用抽象的色彩图形作为包装盒的背景图形设计，搭配简练的品牌名称和文字说明，使商品包装表现出强烈的现代感与时尚感。

图 5-25　使用装饰图形的商品包装设计

5. 标志图形

标志图形是指以艺术形象来表达一定含义的图形或文字的视觉符号，它不仅为人们提供了识别及表达的方便，而且具有沟通思想、传达明确的商品信息的功能，还担负着传播企业理念与企业文化的重任，并能够与各种媒体相适应，成为现代商业市场品牌的代言人。如图 5-26 所示某品牌果汁饮料产品的包装设计，透明的瓶身使消费者能够很好地观察商品本身，包装瓶身的设计非常简洁，只有品牌标志图形和简单的口味说明文字，有效突出了该商品品牌的表现，以加深消费者的印象。

图 5-26　使用标志图形的商品包装设计

☆ 提示

图形在视觉传达过程中具有迅速、直观、易懂、表现力丰富、感染力强等显著优点，因此在包装设计中被广泛使用。图形的主要作用是增加商品形象的感染力，使消费者产生兴趣，加深对商品的认识、理解，产生好感。

▶ 5.2.2　图形在包装设计中的作用

在包装设计中，图形要为设计主题、塑造商品形象服务，要能够准确传达商品信息和消费者的审美情趣，图形在包装设计中的作用主要表现为以下几个方面。

1. 使商品包装的视觉表现更加直观

文字是传播信息的主要形式，是记录语言的符号，当然如果消费者并不认知包装上的文字语言，就不能了解其相关信息。例如英文在包装设计上受地域性局限，对某些人来说，英文只是一群文字排列而已，不能意会到任何内容，无法产生任何感情，但如果使用图形来表达，却能够使不同地区的人对图形所承载的信息一目了然。

图形是一种有助于视觉传播的简单而单纯的语言，直观的图形仿佛是真实世界的再现，具有可观性，使人们对其传达的信息的信任度超过了纯粹的语言。例如在商品外包装设计上使用一些非常逼真的图形，便可以生动地展现商品的优秀品质，其说服力远远超过了语言，如图 5-27所示。

2. 图形使商品包装更具有趣味性

文字能够准确地传递信息，但是难免给人以生硬冰冷的感觉，而图形在传递信息时是以趣味性见长，使人在接受信息时处于一种非常轻松愉快的状态中。

图 5-27　使用图形使包装的视
觉表现更加直观

　　商品包装中的图形设计可以采用拟人化的手法来表达趣味性，也可以采用夸张的手法将视觉形象艺术地夸大或缩小，还可以通过卡通图形使商品特征更加鲜明，如图 5-28 所示。

图 5-28　图形使商品包装的表现更具有趣味性

☆ 提示

　　设计师强烈的主观性使商品包装形态得到改变，从而创造出理想的形式美和趣味性，使消费者被商品包装中的图形所表达出来的趣味性所吸引，产生购买欲望。

3. 准确传达包装物信息

　　在商品包装设计中，通过图形的设计能够准确地传递出被包装物的信息，使消费者可以从图形中准确地领悟到所传达的意义，而不会造成误读的现象。如图 5-29 所示为菠萝水果的包装设计，包装直接设计了菠萝的图形，非常直观，消费者一眼就清楚包装中的包装物是什么，信息传达准确、直接。

图 5-29　图形能够准确传达包装物信息

4. 图形使包装更具有吸引力

　　商品包装中图形设计是否成功，关键在于能不能有效吸引消费者的注意，使其产生购买欲望。在琳琅满目的包装物中，消费者究竟如何选择涉及信息传递以及消费者如何接收等问题。人的眼睛不仅能接收文字信息，更能直接从图形中获取信息，眼睛所看到的图像、信息经过大脑整理后，将知觉集中在图形刺激上，即产生了视觉认知的特性。

在包装图形设计中，要利用各种创意和手段产生新奇和刺激，使商品包装形象能够迅速地渗入消费者的潜意识，促使消费者不知不觉地进入到注意、兴趣、欲望、比较、决策及购买的过程中。如图5-30所示为具有吸引力的包装设计。

5. 图形可以使包装设计表现出一致性

包装设计的目的是保护和促销商品，包装图形的设计与一般的平面设计有所不同，因为商品包装最终展示的是立体效果，需要考虑在四周不同角度观看的视觉效果。如果是圆形包装的图形设计，则要考虑其连续性，以满足商品展示、陈列的需要；如果是直式的包装盒或横式包装盒的图形设计，则要使它们在展示时产生另一种效果，使每一个包装仍然是完整的；系列包装的图形设计主要是改变包装大小、造型和结构，统一图形设计，造成既具有整体性又有视觉特性的效果，如图5-31所示。

图5-30　图形使商品包装更具有吸引力

图5-31　图形使商品包装表现出一致性

▶ **5.2.3　图形在包装上的运用方式**

为了使消费者能直接了解商品包装的内容物，可以通过图形的方式再现商品，以便对消费者产生视觉需求，通常使用的方法有具象图形、半具象图形、抽象联想图形及包装结构的合理利用设计。

例如食品等商品的包装设计，为了表现出食品美味的真实性、可视性，往往将商品实物的图片设计在包装盒上，如图5-32所示，以便加深消费者对商品的鲜明印象，增加购买欲望。

图5-32　商品包装上的具象图形设计

半具象图形则利用简化的图形设计使人"睹物思情",让人看到此图形就能联想到包装盒中的内容物是什么,例如奶粉、牛奶的包装上使用奶牛的图片,橙汁的包装上使用橙子的图片等,如图 5-33 所示,这些都是为了加强消费者对商品的印象,利用联想的方式让消费者认知商品。

图 5-33　商品包装上的半具象图形设计

抽象图形不具有使用感性所能模仿的特征,它是对事物和形态有了更深一层的认识后再转化为图形,所以不涉及一个具体的形象。在味觉商品、化妆品等商品的包装设计中常常使用抽象图形设计,如图 5-34 所示。

图 5-34　商品包装上的抽象图形设计

图形在包装设计中的地位是不可估量的,它是设计中最重要的视觉造型要素,是商品广告策略的需要。商品包装图形的设计应该符合商品认知的特征,从而满足人们的心理和视觉的需求。

如图 5-35 所示为一款牛奶产品的包装设计。该包装的图形通过抽象奶牛身上的斑点造型向消费者传达信息,图形生动简洁,又不失自然本性。通过图形的数量与大小变化产生独特的韵律,让人们瞬间就能够联想到奶牛的具体形象,在众多同类产品信息中,准确形象地传递了产品的信息本质,与人们心底天生的质朴情绪产生共鸣。

图 5-35　出色的商品包装图形设计

一切优秀的、富有创意的图形设计都基于设计师对外部世界及设计本身的情感体验。因此，不同的设计师在其长期的设计过程中，会形成一整套个性化的设计语言，在图形色彩的选择和搭配方面、图形形态和样式的设计方面，会表现出明显的个人特色。

5.3 文字设计

在包装设计中，文字设计以迅速、清晰、准确地传达视觉为基本原则，以采用标准的、可读性和易读性很强的文字为主，不要对文字进行过多的装饰变化。如果把文字当作设计的主体形象来运用时，对文字可以进行适当的变形处理，注意强调形象的表现作用，力求醒目、生动，并突出个性特征，使其成为塑造商品形象的主要形象之一；如果把文字当作辅助图形来运用，在设计中仅起到装饰作用时，文字的作用已经转换为图形符号，其可读性就可以忽略，而只注重艺术装饰效果，这就应该另当别论。

▶ 5.3.1 包装文字的设计原则

包装文字设计的目的是要包装中的文字既具有充分传达信息的功能，又能够与商品形式、商品功能、人们的审美观念达到和谐统一，通常可以根据以下几个原则对商品包装文字进行设计。

1. 文字要符合包装设计的总体要求

包装设计是造型、构图、色彩、文字等的总体表现，文字的种类、大小、结构、表现技巧和艺术风格都要服从商品包装的整体设计，要加强文字与商品包装整体效果的统一与和谐，不要片面地突出文字。

如图 5-36 所示为一款休闲食品的包装设计，采用了卡通手绘的设计风格，所以包装上的文字采用了与图形统一风格的卡通手写字体，表现出卡通、可爱的印象。如图 5-37 所示为一款茶叶的包装设计，为了表现出茶叶的传统文化特色，采用了仿古的包装设计，茶叶包装中的主题文字自然采用了传统的书法字体进行表现，从而突出传统文化风格的表现。

2. 文字设计要符合商品的特点

包装文字是为了美化商品包装、介绍商品、宣传商品而使用的，文字的艺术效果不仅应该具有感染力，而且要能够引起消费者的联想，并使这种联想与商品形式和内容取得协调，产生统一的美感，例如许多化妆品包装使用细线字体突出品牌和商品名称，能给人一种女性的纤细、优雅的感觉，如图 5-38 所示。

图 5-36　休闲食品包装文字设计　　图 5-37　茶叶包装文字设计

图 5-38　化妆品包装的文字设计

3. 文字应该具有较强的视觉吸引力

视觉吸引力包括艺术性和易读性，前者应该在文字排列和字形上下功夫，要求文字排列优美、紧凑、疏密有致，间距清晰又有变化，字形大小、粗细得当，有一定的艺术性，能够美化商品包装的构图。易读性包括文字的醒目程度和阅读效率，易读性差的文字往往使人难以辨认，削弱了文字本身应该具有的表现功能，缺乏感染力，令人疲劳。一般来说，如果包装中的文字内容较少，可以在艺术与醒目上下功夫，以突出装饰功能，如图 5-39 所示；如果包装中的文字内容较多，应该在阅读效率上下功夫，选择合适的常规字体，以便于视线在阅读过程中的快速移动，如图 5-40 所示。

图 5-39　突出装饰功能的包装文字设计

4. 字体应该具有时代感

字体能够反映一定的年代，如果能够与商品内容协调，会加深消费者对商品的理解和联想。例如中文中的篆体、隶书体等字体具有强烈的古朴感，能够表现出中华民族

图 5-40　突出可读性的包装文字设计

的悠久历史，用于传统食品、酒类的包装就很合适，如图 5-41 所示。而用于现代工业品，则会与商品的现代感大相径庭，此时应该使用现代感较强的字体，例如美术字体就很协调。

5.使用字体不能过多

在一个商品包装设计中或许需要使用几种不同的字体，或许需要中英文并用，需要注意的是尽量将字体组合限制在三种之内。过多的字体会破坏包装总体设计的统一感，使画面显示烦琐和杂乱，任意的字体组合会破坏包装整体设计的协调与和谐。

如图 5-42 所示为一款果酱产品的包装设计，在该包装设计中主要使用了两种字体，一种是其品牌名称的手写字体，另一种就是表现商品信息的常规印刷字体，通过字体的不同粗细、大小来区分信息内容的层次。

图 5-41　根据商品选择合适的字体　　　　图 5-42　果酱产品的包装字体设计

6.文字排版尽量多样化

文字排版是构图的重要部分，排版多样化可以使构图新颖、富于变化。包装文字的排版可以从不同方向、位置、大小等方面进行考虑，常见的排版有竖排、横排、斜排、变形排列等多种。文字排版的多样化应该服从于包装整体设计，应该使文字与商标、图形等元素相互协调，使整体视觉效果既有新意又符合大众审美习惯，如图 5-43 所示。

图 5-43　商品包装的文字排版效果

☆ 提示

文字设计具有两方面的特点：一是人们对文字造型的感受要比对一般图形的感受细腻得多，与图形选择相比，字体被规定的范围要狭窄得多；二是文字源远流长，多少个世纪的历练与琢磨使得每个字不仅意义充实，同时具备了优美的形象和艺术境界。

▷ 5.3.2　包装文字的组合运用

　　文字是包装设计中进行直接、准确的视觉传达的媒体，在包装设计中，文字与色彩、图形的组合不但可以提高信息传达的效率，也能够增强商品的视觉感染力。

　　文字的重叠、重复、透视、放射、渐变等形式将会在视觉上给人特殊的效果，例如可口可乐的字体处理使文字看起来更加生动、有趣，更有视觉冲击力和可行性，如图 5-44 所示。

图 5-44　可口可乐包装中的文字设计

　　如果在包装设计中使用图形与文字相组合的表现形式，可以使画面更具有说服力，将文字的内涵与外在的形式相结合，展示商品的诱惑力，吸引更多的消费者。

　　如图 5-45 所示为某品牌果汁饮料产品的包装设计，其品牌文字采用卡通手写字体与图形相结合的方式，表现出可爱的视觉效果，在商品包装中果汁饮料的口味文字同样与图形相结合，使得商品包装表现出独特的诱惑力。

图 5-45　文字与图形相结合的设计

▷ 5.3.3　包装文字设计的注意事项

　　在包装的文字设计中，设计要点应该围绕以下几点去考虑。

1. 注意文字的可识别性

　　文字的基本结构是几千年来经过人创造、流传、改进而约定俗成的，不能随意改变。因此文字结构一般不做大的改变，而是多在笔画方面进行变化，这样文字才能保持良好的可识别性。现如今，包装设计内容的变化及形式的转化非常之快，文字设计必然顺应潮流、不断创新，特别那些标题性的大字在包装上尤为突出，因此对文字独特的识别性不可忽视。

如图 5-46 所示为某面粉产品的包装设计，采用了手绘的设计风格，为了搭配包装上的手绘图形，包装正面的产品名称文字运用具有手绘风格的手写文字效果进行表现，而包装侧面的相关商品信息文字内容，依然采用了常规字体，便于消费者快速阅读。

图 5-46　具有良好可识别性的包装文字设计

2. 突出商品属性

一种有效的包装文字设计方法是根据商品的属性，选择某种文字作为设计蓝本，从各种不同的方向去揣摩、探索，尽可能展示各种可能性，并根据商品特性来进行造型优化，使之与商品紧密结合，更加典型、生动，突出地传达商品信息、树立商品形象、加强宣传效果。另一种有效的文字设计方法是使文字设计具有艺术性，包括使文字设计具有独特的识别性和传达商品信息的功能，以及具有审美的艺术性。在设计中应该善于运用优美的形式法则，让文字造型以其艺术魅力吸引和感染消费者。

如图 5-47 所示为一种巧克力产品的包装设计，为了能够体现出该品牌巧克力的悠久历史，在包装设计中使用花纹字体与优雅的欧式复古花纹相结合，使商品包装表现出浓郁的欧式复古风格，给消费者一种优雅、高贵的印象。

图 5-47　突出商品属性的包装文字设计

3. 注意整体编排形象

包装中的文字设计除了本身造型之外，文字的排版设计是体现包装形象的另一个因素。排版处理不仅要注意字与字、行与行的关系，以及对包装上的文字编排的不同方向、位置、大小方面进行整体考虑，使之形成一种趋势或特色，而不会产生凌乱的感觉，同时要注意同一内容的字、行应该保持一致。

如图 5-48 所示为某品牌系列药品的包装设计，采用简约的设计风格，使用不同的包装容器和颜色来区分不同属性的药品，而每种药品包装的文字排版设计则采用了统一设计风格，使该系列药品包装给人统一的视觉形象。

图 5-48　包装中文字的排版设计

文字设计的构思与图形设计的构思一样，也可以应用象征、寓意的手法对文字进行夸张、简化、变形等艺术方面的处理，并加以整体的重新组合排列，应用字体的大小、字体的方圆、线条的粗细，以及方向、位置、色彩、肌理等多种设计方式，从而产生千变万化的新字体，追求新颖多样的视觉效果。

文字设计还可以采用对字体增加装饰或精减笔画、笔画相互借用连写、字母大小混写的方法，可以把文字以散点排列作为底纹处理，或者组成装饰性强的文字图案。在立体性的包装中，文字的书写可以由一个平面跨越到另一个平面上，以增加文字的形象，强调文字所传达的深刻含义和艺术效果。

如图 5-49 所示为某品牌麦片产品的包装设计，在包装中命名用粗体大号文字表现商品主题，并且将主题文字与商品相关图形相结合，图形与文字之间相互叠加，表现出很强的设计感和视觉冲击力，有效吸引消费者的关注。

图 5-49　新颖独特的包装文字设计

5.4　版式设计

商品包装的版式设计就是将包装中所有的视觉元素在整体上的总体编排，是在整体画面上体现商品主要内容的外部形式，是构思形象化的具体体现。包装的视觉传达设计要通过色彩的处理、图案的描绘、文字字体的选择，以及整体编排等一系列程序，需要设计者对每个组成部分做到周密的安排。因此，建立正确的构成观念，更典型、更集中地处理有关设计元素的整体关系，是包装视觉传达设计必不可少的重要环节。

▶ 5.4.1　包装设计中的版式设计原则

同样的图形、文字、色彩等元素，经过不同的版式编排设计，可以产生完全不同的风格特点。版式设计在塑造商品形象中是不可忽视的形式之一，它依据设计主题的要求，借助其他元素共同作用于商品包装的整体形象。

1. 内容决定形式

由于版式是体现设计意图的，整个版式构图的过程必须以设计意图为依据，围绕这一中心，不断地把版式上的变化与设计意图紧密联系起来，才有可能充分发挥版式的作用。例如食品包装，如果是针对儿童的食品，就要从儿童的年龄特点、爱好来考虑包装的版式风格，应该以生动、活泼、自由为好，如图 5-50 所示；如果是高档酒，由于常作为礼品包装，则应该以比较严谨的风格取胜，如图 5-51 所示。对于高档香水、高档首饰包装，则更需要特殊的格调，表现或典雅或浪漫的风格，如图 5-52 所示。

图 5-50　儿童食品的包装版式设计

图 5-51　高档酒的包装版式设计

图 5-52　高档香水和首饰的包装版式设计

　　总之，包装版式的变化是非常丰富的，需要按照不同要求的包装内容来决定其具体的表现形式。

2. 要有整体性要求

　　包装的视觉传达要素有很多，例如商品名称、商标、图形、用途说明、规格等，所以这些要素在大小比例、位置、角度、节奏及包装容器造型的各个面，以及色彩等各方面的关系上是相当复杂的。而从包装设计必须发挥促进销售的作用来说，却又要求包装能够在瞬间简明、快捷地向消费者传达商品信息。这种既复杂又简明的表达方式，尤其需要强调版式的整体性。

　　（1）系列化包装的整体性。需要在一个整体形象中来完成每一个商品各自的特色设计。在设计单件商品的包装时，需要在统一的格局下，从局部的商品个性特点上来体现系列化包装设计的整体性。如图 5-53 所示为系列化食品包装设计，有统一的文字、版式、包装造型，但根据不同的口味在图形和色彩上又有不同，共性与个性兼具。

图 5-53　系列化包装版式设计

　　（2）单件包装设计构图的整体性。任何一件包装商品，无论大小都是一个完整的立体形态，都有几个面的统一布局的整体关系。首先要注意几个面的相互关联，其次要考虑消费者观看商品包装时的流程习惯。

　　商品包装的主要展示面需要认真对待，第一眼要让消费者看到的元素、主要向消费者展示的内容都要在主要展示面上体现出来，可以利用角度、比例、排列、距离、重心等来突出包装设计的主题。

　　如图 5-54 所示为一款柠檬水饮料的包装设计，在瓶贴设计中通过抽象花纹图形使消费者的视觉焦点聚焦于中心位置，突出表现该商品的品牌名称。在该商品的集合包装中，使用对比色和大字体，同样有效突出了名牌名称的表现。

3. 强调突出主题，主次分明，一目了然

　　（1）先左后右，由于人们的观看习惯是从左至右，人们对处理画面左侧的内容感知度明显要高于右侧。

图 5-54　柠檬水饮料包装版式设计

（2）抓住中央，如果想得到较好的视觉效果，占领包装画面的中央位置是一个有效的方法。人们在生理上的视觉中心往往高于几何中心。

通过以上的分析，可以把最重要的视觉元素放置在醒目的、重要的、最易发现的位置，这样才能突出包装所需要传达的信息主题，只有把主要信息和次要信息在视觉上分清先后次序，才能够让消费者在众多的商品信息中找到最主要的信息内容。

如图 5-55 所示为某品牌巧克力派食品包装设计，通过大号粗体品牌文字和产品实物图片来突出品牌名称和产品的表现，并且品牌文字与包装背景颜色形成强烈的对比，表现效果非常突出，而其他说明文字则采用小号字体表现，版式设计主次分明。

图 5-55　强调突出主题的包装版式设计

▶ 5.4.2　包装中版式设计的基本形式

包装设计包含文字、图形、色彩、结构等要素，它们经设计组合后，形成一个完整的商品包装。包装版式设计的形式与变化是无限的，大体上可以归纳总结为以下几种常见的基本形式。

1. 对称式

对称式构图形式可以分为上下对称、左右对称等，其视觉效果一目了然，给人一种稳重、平静的感觉，在设计中应该利用排列、距离、外形等因素，制造出微妙的变化。如图 5-56 所示为采用对称式构图形式的包装设计。

2. 均齐式

均齐式构图具有横向平行、竖向垂直、斜向重复的构成基调，在均匀、平齐中获得对比，简洁大方，是比较常用的一种版式构图形式。在单一方向的版式构图中，一般需要注意处理上、中、下三部分关系的变化。如图 5-57 所示为采用均齐式构图形式的包装设计。

图 5-56　对称式构图的包装版式设计　　图 5-57　均齐式构图的包装版式设计

3. 线框式

以线框作为构成框架，使视觉要素编排有序，具有典雅、清新的风格，在具体构图时应视情况而变化，避免过于刻板、呆滞，画面中不一定要出现有形的线，画面轮廓形成视觉上的线也具有同等作用。如图 5-58 所示为采用线框式构图形式的包装设计。

4. 分割式

分割式是指在视觉上要有明确的线性规律。分割的方法有以下几种：垂直对等分割、水平对等分割、十字均衡分割、垂直偏移分割、十字非均衡分割、倾斜分割、曲线分割等，运用分割时需利用局部的视觉细节变化，从而表现出生动感与丰富感。如图 5-59 所示为采用分割式构图形式的包装设计。

图 5-58　线框式构图的包装版式设计　　图 5-59　分割式构图的包装版式设计

5. 穿插式

穿插式是将多种图形与文字、色块相互穿插、层叠、交织的构图方式。多种形式的运用能够带来富有个性新效果，既有条理又较丰富多变。在进行画面构成时，也应该不断运用对比与协调的原则，达到乱中求齐、平中求变的效果。如图 5-60 所示为采用穿插式构图形式的包装设计。

6. 重复式

重复式是指重复使用完全相同的视觉元素或关系元素进行构图，与图形设计的连续纹样相似。重复的构图方式一般会产生单纯的统一感，平稳、庄重，可以给消费者留下深刻的印象。在重复的基础上，稍做变化，将会产生更加丰富的效果。如图 5-61 所示为采用重复式构图形式的包装设计。

图 5-60　穿插式构图的包装版式设计　　　图 5-61　重复式构图的包装版式设计

7. 中心式

中心式是将视觉要素集中于包装的中心位置，四周保留大面积留白的构图方法，主题内容醒目突出，整体形象高雅、简洁。所谓中心可以是几何中心、视觉中心，或成比例需要的相对中心，在设计时应该讲究中心面积与整个展示面的比例关系，还需要注意中心内容的外形变化。如图 5-62 所示为采用中心式构图形式的包装设计。

8. 散点式

散点式是指视觉要素分散配置排列的构图方式，这种构图形式自由、轻松，可以创造出丰富的视觉效果，构图时讲究点、线、面的配合，并通过相对的视觉中心产生整体感。如图 5-63 所示为采用散点式构图形式的包装设计。

图 5-62　中心式构图的包装版式设计　　　图 5-63　散点式构图的包装版式设计

9. 聚焦式

聚焦式是指将基本图形、文字与色块放置在包装边、角或中心视觉较集中的位置，通过疏密的对比及大面积的留白处理，突出主体文字与图形，其视觉效果的冲击力很强，极具现代感。在设计时要敢于在包装中留出大片空白，处理好留白与密集部分的关系。如图 5-64 所示为采用聚焦式构图形式的包装设计。

10. 对比式

图文排版特意制造较大的差异形成强烈的视觉对比，与聚焦式有相同的目的，但是更注重画面图文排版的趣味性，有大小对比、高低对比、疏密对比等，对留白部分的处理不能盲目，差异固然能够冲击视觉，但画面的均衡也需要考虑。如图 5-65 所示为采用对比式构图形式的包装设计。

图 5-64　聚焦式构图的包装版式设计　　　　图 5-65　对比式构图的包装版式设计

☆ 提示

在对商品包装的版式进行设计的过程中，应该强调遵循多样、统一的形式规律，可以综合运用上述所讲解的多种构图方式，使包装版式表现出多样、丰富的视觉效果。

5.5　设计牛奶饮料包装

本案例设计一个牛奶饮料包装，在该包装的设计中使用该饮料原材料的实物摄影图片与各种圆弧状图形相结合，突出表现该饮料的原材料，并且通过各种圆形图形来丰富版面的表现效果，使用大号的粗体文字来表现产品名称，使得版面的表现效果非常丰富，整个包装盒版面的设计给人欢乐、丰富、新鲜的感觉。本案例所设计的牛奶饮料包装的最终效果如图 5-66 所示。

图 5-66　牛奶饮料包装最终效果

☆实战 设计牛奶饮料包装☆

源文件：第 5 章 \ 牛奶饮料包装 .psd　　视频：第 5 章 \5-5.mp4

微视频

素材

Step01 打开 Photoshop，执行"文件 > 新建"命令，弹出"新建"对话框，进行相应的设置，如图 5-67 所示，单击"确定"按钮，新建空白文档。按快捷键 Ctrl+R，显示文档标尺，根据包装盒展开后各部分的尺寸，在文档中使用参考线定位各个面的位置，并标注出各个面的尺寸大小，如图 5-68 所示。

图 5-67　设置"新建"对话框

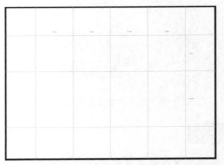

图 5-68　定位包装盒各个面位置并标注尺寸

Step02 新建名称为"正面"的图层组，使用"矩形工具"，在选项栏中设置"填充"为白色，"描边"为 CMYK（34,27,26,0），在画布中沿相应的参考线绘制矩形，如图 5-69 所示。打开并拖入素材图像 5501.tif，调整至合适的位置，如图 5-70 所示。

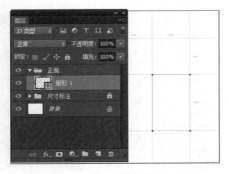

图 5-69　绘制矩形

图 5-70　拖入素材图像

Step03 执行"图层 > 创建剪贴蒙版"命令，将该图层创建为剪贴蒙版，效果如图 5-71 所示。使用"钢笔工具"，在选项栏中设置"工具模式"为"形状"，"填充"为 CMYK(3,33,89,0)，"描边"为无，在画布中绘制形状图形，如图 5-72 所示。

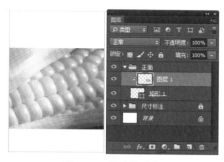

图 5-71　创建剪贴蒙版

图 5-72　绘制形状图形

Step04 复制"形状 5"图层，将复制得到的图层移至"形状 5"图层下方，并修改复制得到的形状图形的"填充颜色"为白色，将复制得到的形状图形稍向上移动，效果如图 5-73 所示。新建名称为"装饰圆"的图层组，使用"椭圆工具"，在选项栏中设置"填充"为 CMYK(10,0,82,0)，"描边"为无，按住 Shift 键在画布中绘制正圆形，如图 5-74 所示。

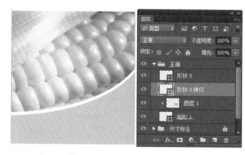

图 5-73　复制图形并修改

图 5-74　绘制正圆形

Step05 将所绘制的正圆形复制多次，并分别调整到不同的大小、位置和颜色，效果如图 5-75 所示。打开并拖入素材图像 5502.tif，调整至合适的位置，如图 5-76 所示。

图 5-75　复制图形并修改

图 5-76　绘制正圆形

Step06 使用相同的制作方法，可以绘制出相似的图形，效果如图 5-77 所示。新建名称为"装饰圆 2"的图层组，使用相同的制作方法，可以绘制出多个大小、位置、颜色不同的正圆形，效果如图 5-78 所示。

图 5-77　绘制图形

图 5-78　绘制多个正圆形装饰

Step07 使用"横排文字工具"，在"字符"面板中对相关选项进行设置，在画布中单击并输入文字，并将所输入的文字进行适当的旋转，如图 5-79 所示。为该文字图层添加"渐变叠加"图层样式，在弹出的对话框中对相关选项进行设置，如图 5-80 所示。

图 5-79　输入文字

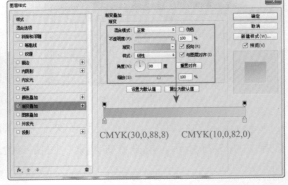

图 5-80　设置"渐变叠加"图层样式

Step08 单击"确定"按钮，应用"渐变叠加"图层样式，效果如图 5-81 所示。使用相同的制作方法，输入其他文字并分别应用"渐变叠加"图层样式，效果如图 5-82 所示。

Step09 同时选中 3 个文字图层，按快捷键 Ctrl+G，将其编组并重命名为"商品名称"，为该图层组应用"描边"图层样式，在弹出的对话框中对相关选项进行设置，如图 5-83 所示。单击"确定"按钮，应用"描边"图层样式，效果如图 5-84 所示。

图 5-81　文字效果

图 5-82　文字效果

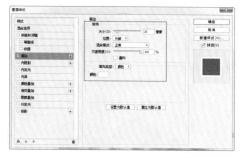

图 5-83　设置"描边"图层样式

图 5-84　文字效果

Step10 复制"商品名称"图层组，新建图层，将新建的图层与"商品名称 拷贝"图层组合并，将合并得到的图层移至"商品名称"图层组下方，如图 5-85 所示。为该图层添加"颜色叠加"图层样式，在弹出的对话框中对相关选项进行设置，如图 5-86 所示。

图 5-85　"图层"面板

图 5-86　设置"颜色叠加"图层样式

Step11 单击"确定"按钮，应用"颜色叠加"图层样式，将该图层中的图像向右下方稍稍移动，效果如图 5-87 所示。使用相同的制作方法，可以完成其他相关内容的制作，效果如图 5-88 所示。

图 5-87　图像效果

图 5-88　图像效果

Step12 在"正面"图层组上方新建名称为"顶面"的图层组，使用"矩形工具"，在选项栏中设置"填充"为白色，"描边"为 CMYK(34,27,26,0)，"描边宽度"为 1 像素，在画布中合适的位置绘制矩形，如图 5-89 所示。使用相同的制作方法，可以完成顶面内容的制作，效果如图 5-90 所示。

图 5-89　绘制图形

图 5-90　图像效果

Step13 在"顶面"图层组上方新建名称为"侧面 1"的图层组，使用"矩形工具"，在选项栏中设置"填充"为 CMYK(3,33,89,0)，"描边"为无，在画布中合适的位置绘制矩形，如图 5-91 所示。使用相同的制作方法，可以完成侧面内容的制作，效果如图 5-92 所示。

图 5-91　绘制矩形

图 5-92　图像效果

Step14 使用相同的制作方法，可以完成该牛奶饮料包装其他面内容的制作，最终效果如图 5-93 所示。

图 5-93　牛奶饮料包装最终效果

5.6　本章小结

　　商品包装的视觉设计就是利用色彩、图形、文字、版式以及包装容器的造型等，通过艺术手法传达商品信息的过程。在本章中详细介绍了与包装相关的视觉元素的设计知识，通过本章内容的学习，读者可以掌握各种包装视觉元素的设计和表现方法，从而使所设计的商品包装视觉效果更加出色。

第6章

包装设计的风格与创新

本章主要内容

　　包装设计已经成为企业增加商品销量的一种关键因素所在，拥有良好的商品包装设计，无疑在激烈的市场竞争中脱颖而出，包装设计和企业品牌成为企业无形的优良资产，对提升产品和企业形象起到关键性的作用。然而，在经历了科技的变革和包装设计的日新月异，包装设计在设计和功能上发生了巨大的变化，在以往包装的基础之上，受到新思潮与新观念的影响逐渐形成了现代包装设计。

　　在本章中主要向读者介绍包装设计的常见风格，以及创意表现重点和创意表现形式等相关内容，并且还将介绍包装设计的发展趋势，使读者对包装设计的表现与发展有更加全面深入的认识。

6.1　常见的包装设计风格

从有到无，从无到有，这是我们在消费爆炸、商品泛滥的时代中挣扎所得出的体会。静下心，跳出来，看看整个世界，才知道真正简单纯净是何等美好。

▶ 6.1.1　恬淡幽静的日式设计

日本文化推崇的是一种极简的意想，即在空无一物的环境里配置极少物品的构思方式。日本的审美习惯简单朴素中带着恬淡幽静的气质，从而使它的包装被赋予多层信息和内涵，蕴涵着深刻的生态哲理，设计师通过追求隐喻表达出充满生机的意味，在包装材料的选择上也更倾向于自然材质。

众所周知，日本的包装设计一直走在世界包装设计领域的最前沿。提到极简化风格的成功代表，我们不禁会想到"无印良品（Muji）"。作为日本本土的一个独立品牌，"无印良品"的包装设计有着很强的代表性。所谓的"无印"在日文中是没有花纹的意思，Muji 更深层的含义为"No Brand"无品牌，而"良品"则是指产品质量上乘，也就是说无印良品在极简审美意识的影响下从日常生活中的美感出发，简化造型、简化生产过程，制作出一批造型简洁朴素，价格适中的产品来。如图 6-1 所示为"无印良品"相关商品的包装设计。

图 6-1　"无印良品"相关商品的包装设计

如今在生产力高度发达、物质欲极大膨胀的社会中，五彩斑斓的商品使人们应接不暇，给予其太多选择的空间。设计烦琐的产品在我们生活的选择中占据着绝大部分的空间，极具诱惑性的画面充斥着我们的每个感官神经，究竟该如何选择？我们总是被无数的选择困扰着让我们的心灵得不到一丝安宁。恬淡幽静的日式包装设计，能够使我们的内心感受到一种自然的宁静。"天然去雕饰，清水出芙蓉"是自然材质的真实写照，纯净的色彩，纯粹的精神，让嘈杂喧扰的人心归于一份恬淡与幽静，这正是现代设计美学发展的方向之一。

如图 6-2 所示为一款日式的化妆品包装设计，选用纯透的颜色突出产品的特征，简洁的文字配以大面积的空白感给人以无限的遐想，如同畅游在大自然一般的恬静悠然。

如图 6-3 所示为一款日式商品手提袋包装设计，简洁的设计，大面积留白重点突出品牌标志的表现，其简约质朴的设计风格通过产品传达给人们一种新的生活理念，倡导一种简单自然的生活方式。

图 6-2　日式化妆品包装设计　　　　图 6-3　日式商品手提袋包装设计

▶ 6.1.2　简约温情的北欧设计

地处高纬度的北欧国家（包括芬兰、挪威、瑞典、丹麦、冰岛）有着独特而悠久的民族文化艺术传统，在设计领域至今一直保持着自身的艺术特色和设计理念。温馨的灯光、淡黄色的原森、轻巧的吊灯、织物的触感，一切都让人不由自主的沉浸在舒适之中。简约设计风格的应用既能够让人们感受到设计中的以人为本，又能够引起大家保持环境的共鸣。

北欧设计风格不仅实用性强，而且简洁、大方、轻巧、美观，充分考虑到人们作为实践主体的健康、安全、舒适等需要。北欧的包装设计一贯以简约著称，走着极致简约且带有地方特征的极简化路线，将现代主义设计思想与传统人文主义设计理念相互协调统一。它既注重产品的实用功能，又关注设计中的人文情怀，将功能主义设计中过于理性刻板的几何形式柔化为一种富于人性、个性和人情味的现代美学价值观。

如图 6-4 所示为一款牛奶的包装设计，使用透明玻璃瓶作为包装材质，充分展现牛奶的形态、色泽等，给消费者带来非常直观的感受，感受到产品的纯真与自然。简洁低调的透明玻璃瓶包装设计，上面贴有对比鲜明的品牌字体格式标签，瓶身背面贴有该产品的相关信息标贴，除此之外，没有任何的装饰元素，简约的设计更显得大方、精美。当消费者饮用完该玻璃瓶中的牛奶时，会发现瓶身标签背面的蓝天、雪山和湖泊的自然风景图片，巧妙的设计心思，既体现了该牛奶产品的自然品质，同时也为该产品包装留下了彩蛋。

图 6-4　牛奶产品包装设计

如图 6-5 所示为一款袋泡茶产品的包装设计，将包装盒设计成衣柜的造型，包装的侧面和背景都使用了纯白色设计，而正面和顶面都使用了透明的设计，使消费者能够非常清晰的查看到包装盒中的产品。包装盒中的产品背景使用了明亮的黄色，能够很好地突出产品的表现，而每个产品搭配衣架的装饰，仿佛挂在衣柜中的一件件白色 T 恤，非常的形象、醒目。极简的包装设计，同样可以通过巧妙的创意，吸引消费者的目光。

图 6-5　袋泡茶产品包装设计

▶ 6.1.3　典雅大气的法式设计

法国是世界上少数几个能够把"注重品位"成为文化特色的国家之一，其中食品的包装设计便是一个非常丰富、具有创造性的代表。设计师总会寻找到最好的角度，以最适当的形式来突显一项产品的价值。典雅大气的气质不会与极简化的表现形式所冲突，反而可以通过这种简化的形式突出产品本质上的多彩。

如图 6-6 所示为一个法式"马卡龙"的包装设计，设计师配合马卡龙五彩缤纷的特点，选用了与其反差极强的白色作为包装的主基调，为了使包装盒不会过于单调、毫无生趣，设计师充分考虑到法国精致细腻的美食文化，在包装盒上设计了与马卡龙色彩相呼应的装饰线条，符合法国人追求浪漫梦幻、注重品质生活的价值理念。

图 6-6 法式"马卡龙"包装设计

作为时尚与奢侈的象征，法国包装设计风格并不体现在朴实与平淡，而是通过简约之美衬托出设计本身的品质内涵，与其相得益彰。这也与它继承皇家宫廷艺术中历史悠久的民族传统文化有关，包装设计从这些传统当中汲取源源不断的创作源泉和艺术灵感，以最精练奢华的设计符号传递给消费者一种具有典雅气质的产品包装。

如图 6-7 所示为法国品牌"依云"矿泉水产品的一系列包装设计，都采用了透明的玻璃瓶作为包装材质，充分表现产品的纯净、透明特质。在瓶身上除了品牌标志之外，通常会根据不同的主题设计不同的花纹，包装的整体设计通过大量的留白，虚实结合的极简化形式能够更好地突显出产品自身的高端品质风格特征，体现了法国美学文化的典雅大气的精髓。

图 6-7 "依云"矿泉水系列包装设计

▶ 6.1.4 尽量张力的德式设计

德国的设计具有非常悠久的发展传统，是现代设计运动的发起国之一。对于德国设计师来说，理性原则、人体工程原则和功能性原则是产品设计的宗旨，绝对不能因为商业主义的压力而放弃。

德国的包装设计也如工业产品般严谨可靠、尽显张力，体现出其设计理念：一是坚持艺术与技术的统一；二是设计的目的是人而不是产品；三是设计必须遵循自然与客观的法则进行。因此，在德国的包装设计中体现出：理性化、高质量、功能性、几何抽象化。在色彩的使用上，德国包装设计很少采用颜色比较鲜艳的设计，以黑色、灰色为主要色彩。这样的美学特征也体现了工业化时代下生活的变革，执着平稳地走着自己的极简化道路，得到了本国乃至世界消费者的普遍认可。

如图 6-8 所示为一款德国的酒类包装设计，该设计主要运用了抽象化的几何图形，沉稳冷静的色彩，标准化且秩序感极强的外轮廓，使该酒类包装更具有工业产品般的专业品质和富于张力的质感。

图 6-8 德国酒类商品包装设计

如图 6-9 所示为一款德国的汽车机油产品包装设计，使用纯黑色作为包装主色调，体现出严谨、可靠、高品质

图 6-9 德国酒类商品包装设计

的印象，在标签中通过不同颜色的大写字母来突出表现该系列中针对不同特性的产品，表现效果简洁而突出，而其他介绍文字多使用白色文字，整个包装并没有过多的装饰，通过对文字内容的排版设计，使整个包装表现专业、简洁而富有张力。

6.2 包装设计的创意思维

创意是设计中的专用语，创意可以理解为有创造性的构思。构是指构建、结成；思是指思考、思索、主意、想象、念头、点子。创意就是通过精心思考，从而构建和创造意境来表现某一主题的活动过程，简单的解释就是一个可以表现设计内容的主意。创意的好坏取决于该创意是否合适、新鲜，以及能否引起共鸣。

6.2.1 包装设计创意原则

设计是一种新模式的创立与营造活动，也是一种流行模式的创立与反映过程的方法。成功的包装设计创意必定遵循以下几条原则。

1. 首创性原则

首创是设计创意最根本的品质和最鲜明的特征。与众不同、别出心裁就是首创，即创意。首创在设计中表现出独特性、唯一性。

2. 简明性原则

包装设计是将商品信息快速地传递给受众人群，让消费者在转眼之间感受到冲击力，引起消费者的关注，给消费者留下印象。

包装不是广告片，更不是长篇小说。消费者逛商品时，没有那么多时间和闲情看那么冗长的广告，所以包装设计要求设计简洁、信息明确。新颖、独特也同样重要，是包装设计绝对必备的品质，繁杂、晦涩的包装设计会令消费者头脑发麻，其宣传效果可想而知。

如图 6-10 所示为一款中秋月饼礼盒包装设计，摒弃所有不必要的颜色和文字，极其简洁。拉开礼盒，深邃的天宇间四种月亮的形态映入眼帘，简洁、抽象地表达风、云、雨、月，同时也代表着月亮的阴晴圆缺。礼盒中搭配干花，将月光与星光用植物得以诗意地表现。

图 6-10　月饼礼盒包装设计

3. 形象性原则

形象是包装设计中十分关键的因素，包装设计既要图文并茂，更要图文双美。不论图形或文字，都要有个性化，要生动而和谐，不能只顾其一，不顾其二。

通过艺术的手法传达信息，树立美好的商品形象，给人以美好的感受，从而激发消费者的需求欲望，诱导消费者购买行为，达成商品促销的目的。

如图 6-11 所示为一个易拉罐啤酒的包装设计，设计师充分考虑了啤酒的形态与色泽，在色彩的选择上不过分花哨，而是选择了商品自身的色彩作为包装的颜色，金黄的色泽、丰富细腻的泡沫都能够很好地吸引消费者，也非常直观和清晰地体现了该商品的内容和特点。

图 6-11　啤酒包装设计

▶ 6.2.2　包装设计的表现重点

包装设计的表现重点是指表现内容的集中点与视觉语言的冲击点。包装设计的画面是有限的，这归因于其设计对象在空间上的局限性；同时，商品要在很短的时间内为消费者所认可，这又是时间的局限。由于时间与空间的局限，我们不可能在包装上做到面面俱到。如果方方面面都尽力去表现，也就等于什么都没有表现，不仅重点不突出，还会使创意失去价值。在设计时，只有把握住要表现的重点，在有限的时间与空间里去打动消费者，才能够形成一个完整而成功的包装设计。

1. 重点展示品牌

针对知名度较高和大型公司的商品，在进行包装设计创意时，其表现重点就应该紧抓住品牌第一位的设计意识。品牌已有的关注度会给企业带来很多益处，构思时重点表现企业的商标和品牌是商品包装设计的切入点。如图 6-12 所示为重点表现品牌的商品包装设计。

图 6-12　重点表现品牌的商品包装设计

2. 重点表现商品

针对有某种特殊功能用途的商品或者新商品的包装，应该将包装设计的创意和表现重点放在商品本身上，展示商品的特殊之处，例如新的外观和功能、特殊的使用方法等。如图 6-13 所示为重点表现商品的包装设计。

图 6-13　重点表现商品的包装设计

3. 重点表现消费群体

商品最终是要给消费者使用的，特别是那些针对特定消费人群的商品，其包装设计应该以消费群体为表现重点。这样包装才能有的放矢地针对消费者的需求去设计，通过包装设计使商品占领其细分市场。特别是儿童与老年人的商品包装设计，要具有消费群体鲜明的心理特征和视觉识别力。

如图 6-14 所示为一款针对儿童的香肠包装设计，将香肠设计为各种可爱的动物形象，并且通过各种鲜艳的色彩，有效吸引儿童消费者的关注。

图 6-14　重点表现消费群体的包装设计

☆ 提示

在进行商品包装设计时，只有重点突出了，才能够让消费者在最短的时间内了解商品，产生购买欲望。总之，不论如何表现，包装设计都要抓住重点，都要能够明确的传达商品内容和信息。

▶ 6.2.3　包装设计的创意表现形式

　　包装设计首先在创意上抓住了重点，接下来用什么样的方法去表现这些重点也是非常重要的环境，也就是我们所说的，应该想方设法去表现商品或其某种特点。因为任何事物都必然具有一定的特殊性及与其他事物具有一定的相关性，所以我们如果要表现一种事物或某一个对象，就有两种基本方法：一是直接表现事物的一定特征，二是间接地借助于和该事物有关的其他事物来表现该事物。前者称为直接表现法，后者称为间接表现法或借助表现法。

　　1. 直接表现法

　　直接表现法是指表现重点是内容物本身，包括表现其外观形态、用途、用法等。下面介绍几种最常用的直接表现法。

　　（1）摄影的表现手法。直接将彩色或黑白的摄影图片使用到商品包装设计中，很多食品包装常采用此类表现手法。如图 6-15 所示为使用摄影表现手法的食品包装设计。

图 6-15　使用摄影表现手法的食品包装设计

　　（2）绘画的表现手法。绘画可以采用写实、归纳及夸张的手法来表现，其中，归纳的手法是对主体形象加以简化处理。对于形体特征较为明显的主体，经过归纳概括，使主体形象的主要特征更加清晰。如图 6-16 所示为使用绘画表现手法的包装设计。

　　（3）包装盒开窗的手法。开窗的表现手法能够直接向消费者展示出商品的形象、色彩、品种及质地等，使消费者人心理上产生对商品放心、信任的感觉。开窗的形式及部位可以是多种多样的，可以借用透明处呈现出的商品形态来结合包装，使包装具有更好的视觉效果。如图 6-17 所示为使用包装开窗表现手法的包装设计。

图 6-16　使用绘画表现手法的包装设计　　　图 6-17　使用包装开窗表现手法的包装设计

（4）透明包装的手法。采用透明包装材料与不透明包装材料相结合来对商品进行包装，以便向消费者直接展示商品。该包装手法的效果及作用与开窗式包装基本相同，食品的包装设计采用此类方法的最多，特别是液体类饮品使用最多。如图6-18 所示为使用透明包装表现手法的包装设计。

图 6-18　使用透明包装表现手法的包装设计

（5）其他辅助性表现手法。除了以上介绍的 4 种直接表现商品的手法可以独立运用外，还可以运用一些辅助性表现手法为包装设计服务，这些表现手法可以起到烘托主体、渲染气氛、锦上添花的作用。值得注意的是，作为辅助性烘托主体形象的表现手法，在处理中不能喧宾夺主。如图 6-19 所示为使用其他辅助性表现手法的包装设计。

图 6-19　使用其他辅助性表现手法的包装设计

2. 间接表现法

间接表现法是通过较为含蓄的手法来传递商品信息的，即包装画面上不直接表现商品本身，而是采取借助其他与商品相关联的事物（如商品所使用的原料、生产

工艺特点、使用对象、使用方式或商品功能等）来间接表现该商品。间接表现法在构思上往往用于表现内容物的某种属性、品牌或意念等。

有些商品无法进行直接表现，例如香水、酒、洗衣粉等，这就需要使用间接表现法来处理。同时许多以直接表现法进行包装设计的商品，为了求得新颖、独特、多变的表现效果，往往也在间接表现上求新、求变。间接表现法包装联想法和寓意法，其中寓意法又包括比喻法和象征法。

（1）联想法。该方法是借助某种形象符号来引导消费者的认识向一定的方向集中，由消费者在自己头脑中产生的联想来补充包装画面上所没有直接交代的东西，这也是一种由此及彼的表现方法。人们在观看一件商品的包装设计时，并不只是简单地视觉接受，而是会产生一定的心理活动。

如图 6-20 所示为一款儿童油漆产品的包装设计，包装设计主要以突出品牌的表现为主，直接使用该油漆的颜色作为包装的主色调，在包装的上部绘制简单的几何图形，与商品包装的手提把相结合能够表现出卡通笑脸图形，使人联想到儿童天真、欢乐的笑脸，包装设计简洁而富有趣味性。

图 6-20　使用联想法的包装设计

（2）寓意法。该方法包括比喻、象征两种手法。寓意法是对不易直接表现的主题内容进行间接表现的一种方法，该方法不仅能使画面更加生动、活泼，而且能够丰富画面的样式，让商品更能吸引顾客。如图 6-21 所示为使用寓意法的包装设计。

图 6-21　使用寓意法的包装设计

比喻法是借他物比此物的手法，比喻法所采用的比喻成分必须是大多数人所都了解的具体事物、具体形象，这就要求设计者具有比较丰富的生活知识和文化修养。比喻法是通过表现商品内在的"意"，即表现商品精神属性上的某种特征来传达商品的一种表现手法。

在我国民间传统艺术中有许多生动的例子，例如喜鹊比喻喜庆、牡丹比喻富贵、荷花比喻清廉、鸳鸯比喻爱情、松鹤比喻长寿等，而喜庆、富贵、清廉、爱情、长寿等概念是无法使用视觉形态直接表现出来的，但是借助形象化的动物、植物等就能够得到充分的体现。

如图 6-22 所示为"农夫山泉"纯净水在农历新年推出的生肖纪念款包装设计，优雅的瓶身造型，中国传统十二生肖图案，很好地表现出传统农历新年的优良传统和文化，为消费者带来美好祝愿。

象征法是比喻与联想相结合的转化，在表现的含义上更为抽象。而作为象征的媒介形象，在含义的表达上应当具有一种不能加以任何变动的永久性，即具有一定性。例如长城、天安门及其门前的华表、黄河、中国传统石狮等都是中国的象征；金字塔及狮身人面像是埃及的象征；埃菲尔铁塔是法国的象征；枫叶是加拿大的象征；红十字是生命和健康的象征；白鸽和橄榄枝是和平的象征等。

在包装设计中，象征法一般是以某个地区、某个国家或某种事物所特有的形象作为代表，用以表达为大多数人认同的品牌的某种含义或某种商品的抽象属性。

如图 6-23 所示为一款酒类商品的包装设计，在中国传统文化中，"锦鲤"象征着吉祥如意的美好祝愿，该款酒类商品的瓶身采用红白相间的图案设计，外包装盒设计非常简洁，在纯白色的包装盒部分镂空为鱼的形状与盒内的瓶身图案相结合，表现出"锦鲤"的形状，形与意的结合使商品表现出美好的祝愿，非常形象。

图 6-22　使用比喻法的包装设计　　　　　图 6-23　使用象征法的包装设计

3. 其他表现方式

除了可以采用直接表现法和间接表现法之外，还可以互相结合使用。另外，还可以采用特写的手法，以局部表现整体的手法使主体的特点得到更加集中的表现。

如图 6-24 所示为"百事可乐"猴年纪念罐的包装设计，罐身上的猴脸图案使用

"百事可乐"品牌固有的红、白、蓝三种颜色进行设计，以京剧脸谱为灵感来源，使整个包装设计富有很强的中国文化特色。

如图 6-25 所示为"乐事薯片"的一款包装设计，在常规的包装设计基础上添加了卡通猴脸的局部图案，表现了中国传统文化，同时也使得商品包装更富有趣味性。

图 6-24　猴年纪念罐包装设计　　　　　　图 6-25　薯片纪念款包装设计

另外，在间接表现手法上，还有不少包装，尤其是一些高档礼品包装、化妆品包装、药品包装等，往往不直接采用联想或寓意的手法，而是以纯粹装饰性的手法进行表现。采用纯粹装饰性的手法时，也应该注意装饰的一定倾向性，用这种倾向性来引导观者的感受。如图 6-26 所示为使用纯粹装饰性手法的包装设计。

图 6-26　使用纯粹装饰性手法的包装设计

☆ 提示

包装设计创意需要从商品、消费者和销售三个方面加以全面推敲研究，使设计最后达到良好的识别性、强大的吸引力和说服力，即具有清晰突出的视觉效果、明朗准确的内容表达和严肃可信的商品质量感受，这是包装设计的最终目的。

6.3　包装设计技巧

如今，泛滥的广告信息、喧闹的包装设计使人们应接不暇、无以适从，人们越来越意识到简约主义可以更加清晰的明确产品定位、功效，同时，在心理上也会倾向于认为，采用简约包装的产品更节能、自然、健康。

▶ 6.3.1　为一系列商品设计

在简约包装设计中，并不是说包装一定要使用纯白色或纯黑色这样的素色，而是在包装设计中尽可能使用单一色彩进行设计。而在一系列产品的包装设计中，可以采用一整套冷淡风的配色，可以有效改变包装单调和不走心的错觉。如图6-27所示为一系列商品的包装设计。

图6-27　一系列商品的包装设计

如图6-28所示为一系列护肤品的包装设计，整体采用了无彩色作为主色调，白色包装产品为女性护肤产品，而黑色包装产品为男性护肤产品。流畅的曲线瓶身造型，瓶身简洁的品牌文字和说明，使得产品表现非常简洁，部分产品搭配了鲜艳色彩的瓶盖，更好地区分不同产品，也使得一系列产品表现更具有活力。

图6-28　一系列护肤品包装设计

▶ 6.3.2　使用特殊材质提升商品质感

每种商品似乎都有其常用的包装材料，在市场上最常见的包装塑料、牛皮纸、卡纸、纸盒、玻璃等。使用什么材料作为产品的包装，能够使产品看起来更加自然、更天然？不妨突破传统，多尝试一些新的包装材料，例如树脂黏土、

陶、金属等，往往能够得到意想不到的效果。如图 6-29 所示为使用特殊材质的商品包装设计。

红色竖条纹压痕
特殊纸张，以及
麻绳的使用，体
现出传统感

不锈钢金属材质
的应用，与产品
本身的材质相呼
应，体现出科技
质感

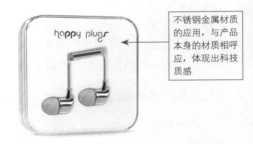

图 6-29　采用特殊材质的商品包装设计

如图 6-30 所示为一款食品的包装设计，大多数的食品都会采用塑料或者玻璃瓶作为包装材料，而该食品则使用了陶罐作为包装容器，给人一种非常精致、可爱的印象。并且不同口味的食品使用了不同颜色的陶罐进行区分，陶罐包装上只有一个白色的封口标签，标签上印有品牌名称，除此之外没有其他任何装饰，表现非常纯粹、简洁，能够充分体现出该食品的精致与高档。

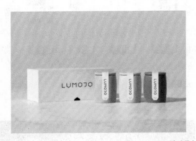

图 6-30　陶罐材质的食品包装设计

▶ 6.3.3　富有创意的包装造型设计

在这个特立独行、张扬个性的年代，商品包装除了需要具有精美的视觉设计，同时也需要个性的包装造型设计，这样才能够充分吸引消费者的目光。商品的包装设计需要与众不同的形状、样式来扩展发挥空间，表现出品牌的风格。如图 6-31 所示为造型独特的牛奶包装设计，纯白色的瓶身，类似牛奶溅起的瓶盖设计，使得该产品的外观造型更加富有个性。

图 6-31　牛奶包装造型设计

如图 6-32 所示为一款蜂蜜产品的包装设计，使用棱角分明的不规则玻璃瓶作为该蜂蜜产品的包装容器，瓶身并没有任何的装饰性元素，该产品包装独特的造型设计，能够体现出其个性与品质感。

如图 6-33 所示为一款果汁饮料的包装设计，包装被设计成灯泡的造型，给人们带来独特的创意体验。在包装上只有简单的纯白色品牌标志和说明文字，但是其独特的包装造型设计，依然能够在众多的果汁产品中脱颖而出。

图 6-32　蜂蜜包装造型设计　　　　　图 6-33　果汁饮料包装造型设计

▶ 6.3.4　巧妙利用商品本身的色彩

包装设计中通常会使用纯色作为包装的色彩，单一的包装色彩有时会让人感觉单调乏味。许多产品本身就拥有非常鲜艳的色彩，在包装设计中需要能够巧妙地利用产品自身的色彩，从而使产品包装表现出非常的视觉效果。如图 6-34 所为一款棉袜产品的包装设计，简约的牛皮纸包装，表面效果单调，但是在包装上设计圆形镂空处理，能够通过包装盒看到不同颜色的棉袜产品，从而使包装的表现效果更加突出。

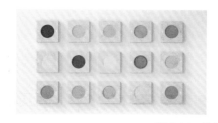 

图 6-34　棉袜产品包装设计

如图 6-35 所示为一款果汁产品的包装设计，使用透明的玻璃或塑瓶作为果汁的包装容器，使消费者能够透过包装容器清晰的观察到果汁的色泽、浓度等属性。即使只是在透明的果汁包装容器上喷绘简单的品牌和说明文字，也可以做到既简约又不失特色，其主要原因就在于鲜艳的果汁自身的色彩。

图 6-35　果汁饮料产品的包装设计

▶ 6.3.5　采用传统包装方式

随着技术的进步，社会的发展，产品的包装方式越来越多，越来越精细。为了使产品能够给人留下深刻印象，我们也可以考虑为产品设计传统的包装方式，以前人们是如何装鸡蛋的？怎样装牛奶的？封装工艺又是什么呢？那些看起来更像是"手工"打包的产品，在今天就是优雅、精致的代名词。如图 6-36 所示为一些使用传统包装方式的极简包装设计。

图 6-36　传统包装方式

如图 6-37 所示为一款茶叶的包装设计，使用了传统的黄色牛皮纸袋作为包装容器，在包装正面粘贴富有历史感的单色产品标签纸，体现出浓郁的传统印象。搭配红色的线绳装饰，体现出喜庆的氛围。这样的传统包装设计，在各种高档礼盒的同类产品中表现特别突出，给人一种返璞归真的感觉。

图 6-37　传统茶叶包装设计

6.4 包装设计的新趋势

包装是工业化和社会经济发展的产物，为迎合市场、引导消费、满足人们对商品的物质需求和审美需求而设计的营销包装。商品包装设计的目的是为促销，为了更好地平衡销售和环境保护之间的矛盾，包装设计的发展有了新的趋势。

▶ 6.4.1 绿色包装设计

绿色包装又可以称为无公害包装和环境之友包装，指对生态环境和人类健康无害，能重复使用和再生，符合可持续发展的包装。

绿色包装的理念主要有两个方面的含义：一个是保护环境，另一个就是节约资源。这两者相辅相成，不可分割。其中保护环境是核心，节约资源与保护环境又密切相关，因为节约资源可减少废弃物，其实也就是从源头上对环境的保护。

从技术角度讲，绿色包装是指以天然植物和有关矿物质为原料研制成对生态环境和人类健康无害，有利于回收利用，易于降解、可持续发展的一种环保型包装，也就是说，其包装产品从原料选择、产品的制造到使用和废弃的整个生命周期，均应符合生态环境保护的要求，应从绿色包装材料、包装设计和大力发展绿色包装产业三方面入手实现绿色包装。

如图 6-38 所示为一款鸡蛋的包装设计，其包装材料选用了天然的草料压制而成，非常环保，并且其造型看起来像是一个动物的小窝，非常的可爱。该产品的包装不仅可以进行重复循环利用，而且还可以进行回收处理，最大限度地减少对环境的污染。

图 6-38 环保材料的鸡蛋包装设计

如图 6-39 所示为一款食品包装设计，该食品包装盒的设计不但外形简洁、亲近自然，里面的食品消耗完后也可以做其他储物保存用途，盒子侧面的 "Love me, Use me" 口号也在向人们传达一种 "喜欢我，就继续使用我吧" 的环保精神。

图 6-39　可重复使用的食品包装设计

▶ 6.4.2　极简包装设计

随着时代的发展，设计水平的提高，简洁、明快、高端、大气、沉着而又优雅的包装设计风格越来越受到大众的欢迎，其表现在烦琐的图形被简化，复杂的文字信息被删减，包装的形式也由繁变简，包装的设计不再是以前过度设计的风格，而是设计者从产品的本身出发，用专业的技术对包装的材料、质感、质量、细节以及有关产品的信息，如产地、人文特色、适用群体等因素进行整体的形象设计。这种严谨而又能最大化体现产品价值的包装风格得到了大众的喜爱。如图 6-40 所示为极简包装设计。

图 6-40　极简包装设计

极简包装设计一般通过精简的元素来表现最重要的亮点，以材质、图形、色彩、形态等元素表现商品的销售重点或者是消费者的消费点。精简的元素也使得传达的信息更直接有力，迅速表现出包装中蕴涵的深刻意义，这样的包装亦会从众多被复杂元素覆盖的包装中脱颖而出，吸引消费者的眼球。

另一方面，极简主义的设计理念使得可以在包装上使用的元素大大减少，这为传达信息增加了设计难度，设计师需要在有限的空间里使用恰当的元素来最大限度地展现商品的价值，包括商品的种类、特点、品牌特征等因素，这些都是对极简包装设计的挑战，这需要设计者能够从众多信息中挑选出最重要的信息。

如图 6-41 所示为一款纯手工制作的天然草药化妆品的包装设计，该产品使用纯白色的包装盒设计，在包装盒上印有少量必需的商品信息内容，通过简单的包装盒结构设计，并且在包装盒上设计了圆形的模切口，消费者通过该模切口能够清晰的观察到产品本身的形状、颜色、质地和气味，为消费带来直观的体验，有效地突出了商品的表现，而不是商品包装。

图 6-41　极简天然草药化妆品包装设计

　　极简主义的包装在形式上一般会使用简单的外观，但简单又不能失去质感。简单的几何现代化的包装形式，不仅可以提升商品的质感，而且还可以加大空间的使用率，从商品的本源出发，不刻意增加附属元素，进一步提升消费者对商品的好感度。相对之下，传统包装有大量的信息，商品包装看起来十分杂乱，这就又体现了"少即是多"的原则。

　　如图 6-42 所示为一款易拉罐啤酒的包装设计，打破以往啤酒包装设计的常规，在包装上并没有杂乱的装饰元素以及各种描述信息内容，而只是简单的品牌名称。为每个啤酒罐设计了黄色、橙色或白色的鲜艳色彩，并且在罐体部分设计了几何形状的浮雕装饰，使其表现出独特的视觉和触觉效果，特别符合年轻人的审美。

图 6-42　极简易拉罐啤酒包装设计

☆ 提示

极简主义包装通过简单的形与色来表现其丰富的内涵，简单明快的形式越来越符合人们的审美要求，虽然抛弃了表面上的过度装饰，但是其内涵却更能引起人们的深思，促进包装与消费者心理的最大化融合，成为包装设计的重要趋势，极简却又不"简"，以小见大，以少见多。

▶ 6.4.3 人性化包装设计

随着社会经济水平的快速发展，消费者对商品包装设计已不仅仅受限在它的功能性，在包装的色彩、结构、材料等方面也变得越来越挑剔。因此，现代商品的包装设计应以包装结构、包装材料、使用便利、环境保护、外形美观，特别是为消费者考虑。这才是现代商品包装设计中一个引人注目的亮点，即人性化包装设计。

人性化包装设计，简单地讲，就是以人为本的包装设计，充分体现人性化的设计，力图将人与包装的关系转化为类似于人与人之间存在的一种可以相互交流的关系，满足人们普遍的生理和心理需要。包装设计的人性化也成为评判包装设计优劣的不变标准。如图 6-43 所示为人性化的商品包装设计。

图 6-43　人性化的商品包装设计

1. 包装结构的人性化

功能性在包装设计中永远是第一位的。无论设计如何的造型，都应注重简洁的原则。一个优良的结构设计，应当以有效地保护商品为首要功能；其次应考虑使用、携带、陈列、装运等的方便性；还要尽量考虑能重复利用，能显示内装物等人性化功能。

如图 6-44 所示为一款果汁饮料的包装设计，整体设计常简洁，但是包装容器选择了具有圆润棱角的个性容器，并且为包装容器设计了手提的位置，方便用户拿取和倒果汁，非常人性化的包装结构设计。

图 6-44　人性化的果汁饮料包装容器设计

2. 包装色彩的人性化

包装色彩要求平面化、匀整化，这是对色彩过滤、提炼的高度概括。它以人们的联想和色彩的习惯为依据，进行高度的夸张和变色是包装艺术的一种手段。

成功的包装设计应该善于利用消费者有针对性的诉求。通过色彩的表现把产品所传播的信息进行加强，从而达到与消费者的情感需求进行沟通协调，使消费者对商品的包装产生兴趣，进而促使他们产生购买行为。

例如，儿童都喜欢鲜艳的色彩和卡通的图案，所以儿童相关的商品通常都会使用卡通图案和鲜艳的色彩进行设计，如图 6-45 所示；而成熟的中年男性都比较倾向于冷色调或无彩色，所以面向成熟男性的商品包装通常都会使用这样的色彩进行配色，如图 6-46 所示。

图 6-45　儿童商品的包装配色

图 6-46　面向成熟男性的商品包装配色

3. 包装材料的人性化

按照包装材料分，不同的商品根据运输的过程和展示的效果等，使用的材料也不尽相同。如纸制包装、玻璃包装、木料包装、陶瓷包装、高分子化学材料包装、棉麻包装、金属包装、布料包装等。在包装设计时，根据不同的商品性质及其针对的消费人群选择不同的材料、不同的结构来设计包装。

如图 6-47 所示为一款被芯产品的包装设计，目前市场上绝大部分被芯包装都采用纸盒或者无纺布手提袋的形式，而且色彩复杂，没有视觉重心，给消费者造成的就是凌乱花哨不健康的感觉，该被芯产品的包装设计，从被芯最原始的作用去思考，让一切回归简约，用最简单最直观的方式去设计被芯包装，用最简单的方式让产品出彩，让产品受到关注。

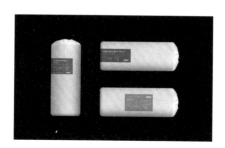

图 6-47　人性化的被芯产品包装设计

总之，在商品包装中不仅要在色彩、结构上趋向于人性化，在包装材料上也应该做到以人为本。人性化的设计将是设计发展的必然趋势和最终结果。

▶ 6.4.4　交互式包装设计

把交互设计的理念应用于包装设计，可以将交互式包装设计定义为：设计师要以用户为中心，设计出便于人们在生活、工作中使用的商品包装，方便人们与所包装的商品进行直接或者间接的信息交流的过程。在交互设计和包装设计之间找到一个结合点，使得现代和未来的包装设计更加人性化和合理性。

交互式包装的出现已经超出了单纯对包装外形图案设计的调整范畴，那么交互式包装设计如何体现在生活中呢？交互式包装设计主要包括感觉包装、功能包装和智能包装。

1. 交互式感觉包装

交互式感觉包装设计就是产品带有独特气味的包装，在包装的材质上也要选择十分精细的，多选一些带有质感纹理的材料，这样可以让包装更具有视觉效果。感觉包装主要是给产品建立一个外部的总体感觉，也可以让消费者对产品有一种直觉上的感觉。感觉包装还有另外一个作用，就是保护产品的完整性，无形中可以和消费者建立一个联系。

如图 6-48 所示为一款化妆品的包装设计，在形状上，它摒弃了瓶罐设计惯用的形状，创新的起伏的、不规则的瓶身看起来个性十足。有趣的是，当你触碰 naked 时，它就会像活物一样给你回馈，被碰区域会温柔地泛起红晕，又像是稚嫩的皮肤受了轻伤，使产品包装更具有交互趣味性。

图 6-48　交互式化妆品包装设计

2. 交互式功能包装

交互式功能包装设计是保护产品不丢失任何价值。这种包装设计可以防止食物的腐烂，可以让食物的新鲜度保持更长时间。功能包装还有另外一个作用，就是消除产品自身的某种缺陷和不足。这样的包装同样可以延长产品的存放周期，保证产品的新鲜度。

如图 6-49 所示为一款生鲜食品包装设计，随着新鲜度的流失，包装上的漏斗标签的颜色也随之加深，就算是买菜新手，也不用担心买到不新鲜的肉。

如图 6-50 所示为一个服饰的包装设计，当消费者拆开包裹，打开西装看到雪白的衬衣，衬衣口袋里面还装着名片，整洁又让人眼前一亮。

图 6-49　生鲜食品包装设计　　　　图 6-50　服饰产品包装设计

3. 交互式智能包装

交互式智能包装设计就是可以在产品中存入大量的信息，标记和控制系统结合起来组成一套跟踪体系，以便于检测产品的数据。它通过内部的传感元件或高级的条码以及商标信息系统的管理，有效利用感觉包装和功能包装的原理来跟踪及把控产品。在国内，这种智能包装设计主要应用于检测。

如图 6-51 所示为一款果汁饮料的包装设计，该包装具有双重目的设计理念，第一个目的是为果汁瓶子，该组瓶被设计用于不同的口味和品种，例如黄色的是柠檬，绿色的是苹果，橙色的是橘子，等等。第二个目的是作为一种玩具，喝光饮料的瓶子转变为一个保龄球玩具，非常适合喜欢保龄球运动的人们。

图 6-51　交互式果汁饮料包装设计

▶ 6.4.5　概念包装设计

概念设计是艺术发展进程中受意识形态中的概念艺术所影响形成的设计模式，随着人们的思想意识和科学技术的发展，由概念艺术影响的设计，不断地被各个领域所引用，其思想原动力，形式和内容以创新和领先的方式推动研究和应用在各个领域，并取得了积极的作用。

为了突破习惯认知，使商品包装表现出独特的设计个性，增强其商品竞争力，概念包装设计应该追求材料形式表达的自由度，从视觉、触觉来塑造包装的形式美，通过同一材料、相似材料、对比材料的灵活运用，使商品包装在追求时尚形式表达与满足市场、功能需求中不断协调，从而提供概念包装的新途径。如图 6-52 所示为某品牌食品的概念包装设计。

包装设计是综合性强、商业特征浓郁的整合设计，应该重视对内容物的运输、保护、广告宣传等功能。概念包装立足于包装设计独有的功能与特征，运用创新思维，挑战传统规范与平庸创意。概念包装设计是一种基于市场创新需求而推行的一种包装设计理论与方法，概念包装设计强调的是包装功能与形式上的突破，同时也探讨了包装设计方法与程序上的创新。概念包装设计的价值就在于它对发展的、前沿性的市场具有前瞻性与预测力，能够引导使用者的消费行为与审美趋向，促进新的生活方式的形成。如图 6-53 所示为出色的概念包装设计。

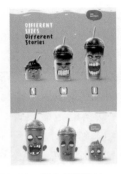
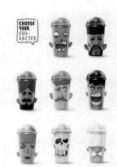

图 6-52　概念包装设计

图 6-53　出色的商品概念包装设计

6.5　设计坚果零食礼盒包装

　　本实例设计一个坚果零食礼盒包装，使用产品图像与主题文字的变形处理，有效突出商品主题的表现，给消费者直观的印象，搭配简洁的文字说明，主题表达鲜明，整体视觉表现效果突出，最终效果如图 6-54 所示。

图 6-54　最终效果

☆**实战 设计坚果零食礼盒包装**☆

源文件：第 6 章 \ 坚果零食礼盒包装 .psd 视频：第 6 章 \6-5.mp4

微视频

Step 01 打开 Photoshop，执行"文件 > 新建"命令，弹出"新建"对话框，进行相应的设置，如图 6-55 所示，单击"确定"按钮，新建空白文档。按快捷键 Ctrl+R，显示文档标尺，从标尺中拖出参考线划分包装盒正面和侧面，以及边距，如图 6-56 所示。

素材

图 6-55 设置"新建"对话框   图 6-56 拖出参考线

Step 02 新建名称为"正面"的图层组，使用"矩形工具"，在选项栏中设置"填充"为 CMYK(2,6,31,0)，"描边"为无，在画布中绘制矩形，如图 6-57 所示。新建图层，使用"直线工具"，设置"填充"为 CMYK(11,16,47,0)，"描边"为无，"粗细"为 5 像素，在画布中绘制直线，如图 6-58 所示。

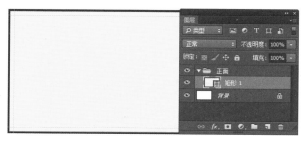

图 6-57 绘制矩形

图 6-58 绘制直线

Step 03 选择"形状 1"图层，按快捷键 Ctrl+T，调出变换框，在水平方向上移动该直线，如图 6-59 所示，按 Enter 键，确认变换操作。同时按住快捷键 Ctrl+Alt+Shift 不放，多次按 T 键，可以对"形状 1"图层进行多次的移动复制操作，从而得到多条直线，如图 6-60 所示。

Step 04 同时选中"形状 1"以及复制得到的多个图层，按快捷键 Ctrl+E，合并图层，将合并后的图形调整至合适的位置，并创建剪贴蒙版，效果如图 6-61 所示。打开并拖入制作好的主题文字素材 6501.tif，调整到合适的大小和位置，效果如图 6-62 所示。

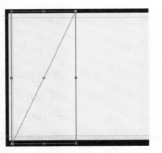

图 6-59　变换移动直线

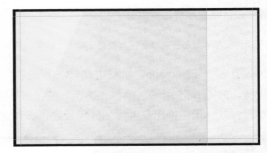

图 6-60　移动复制出多条直线

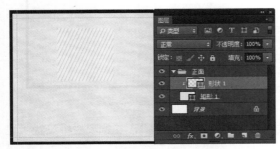

图 6-61　图像效果

图 6-62　拖入素材并调整

Step 05 打开并拖入素材图像 6502.tif，调整到合适的大小和位置，效果如图 6-63 所示。相同的制作方法，拖入其他素材图像并分别调整到合适的大小和位置，效果如图 6-64 所示。

图 6-63　拖入素材并调整

图 6-64　拖入素材并调整

Step 06 使用"矩形工具"，在选项栏中设置"填充"为 CMYK(1,42,67,0)，"描边"为无，在画布中合适的位置绘制矩形，如图 6-65 所示。打开并拖入素材图像 6502.tif，调整到合适的位置，如图 6-66 所示。

Step 07 使用"横排文字工具"，在"字符"面板中对相关选项进行设置，在画布中单击并输入文字，如图 6-67 所示。使用"矩形工具"，在选项栏中设置"填充"

为无，"描边"为黑色，"描边宽度"为 1 点，在画布中合适的位置绘制矩形，如图 6-68 所示。

图 6-65 绘制矩形

图 6-66 拖入素材

图 6-67 绘制矩形

图 6-68 拖入素材

Step08 使用相同的制作方法，在画布中绘制直线并输入相应的文字，如图 6-69 所示。使用相同的制作方法，拖入相应的素材图像并输入文字，效果如图 6-70 所示。

Step09 使用"椭圆工具"，在选项栏中设置"填充"为 CMYK(13,99,100,13)，"描边"为无，按住 Shift 键在画布中绘制正圆形，如图 6-71 所示。将该正圆形复制多次，并分别调整到合适的位置，如图 6-72 所示。

图 6-69 绘制直线并输入文字

图 6-70 图像效果

图 6-71 绘制正圆形

图 6-72 将正圆形复制多次

Step10 使用"直排文字工具"，在"字符"面板中对相关选项进行设置，在画布中单击并输入文字，如图 6-73 所示。使用相同的制作方法，在画布中绘制矩形并输入相应的文字，如图 6-74 所示。

Step11 使用相同的制作方法，可以完成该包装盒正面的制作，效果如图 6-75 所示。在"正面"图层组上方新建名称为"侧面"的图层组，使用"矩形工具"，在选项栏中设置"填充"为 CMYK(1,42,67,0),"描边"为无,在画布中绘制矩形,如图 6-76 所示。

图 6-73 输入文字　　　　　　　　　　图 6-74 绘制矩形并输入文字

图 6-75 绘制矩形并输入文字　　　　　　　图 6-76 绘制矩形

Step 12 使用相同的制作方法,可以完成侧面部分内容的制作,完成该坚果零食礼盒包装的设计制作,最终效果如图 6-77 所示。

图 6-77 最终效果

6.6 本章小结

本章主要向读者介绍了包装设计的风格、创新以及包装设计发展的新趋势,通过对本章内容的学习,希望读者能够理解并掌握包装设计风格与创新的方法和技巧,并能够对包装设计的未来发展趋势有所了解,从而更好地实现商品包装设计。